计算机科学与技术丛书

大模型应用开发

深入理解30个可执行案例设计

李永华 刘宇沛 孙玉江◎编著

清华大学出版社
北京

内 容 简 介

大模型技术是目前人工智能领域的重要发展方向之一，具有广阔的应用前景和巨大的发展潜力。本书结合当前高等院校创新实践课程，基于大模型应用程序的开发方法，给出可执行实战案例。大模型技术主要开发方向为人机聊天、自动生成代码、旅游图鉴等，本书案例主要包括系统架构、系统流程、开发环境、开发工具、系统实现、功能测试等内容。

本书中所述案例多样化，可满足不同层次的人员需求；同时，本书附赠视频讲解、工程文件、拓展知识、插图素材、程序代码，供读者自我学习和自我提高使用。

本书可作为大学信息与通信工程及相关专业的本科生教材，也可作为从事物联网、创新开发和设计的专业技术人员的参考用书。

版权所有，侵权必究。举报：010-62782989，beiqinquan@tup.tsinghua.edu.cn。

图书在版编目（CIP）数据

大模型应用开发：深入理解 30 个可执行案例设计 / 李永华，刘宇沛，孙玉江编著. -- 北京：清华大学出版社，2025.1. --（计算机科学与技术丛书）. -- ISBN 978-7-302-67649-2

Ⅰ．TP311.1

中国国家版本馆 CIP 数据核字第 202403TP62 号

策划编辑：盛东亮
责任编辑：范德一
封面设计：李召霞
责任校对：李建庄
责任印制：沈　露

出版发行：清华大学出版社
　　网　　址：https://www.tup.com.cn，https://www.wqxuetang.com
　　地　　址：北京清华大学学研大厦 A 座　　邮　　编：100084
　　社 总 机：010-83470000　　邮　　购：010-62786544
　　投稿与读者服务：010-62776969，c-service@tup.tsinghua.edu.cn
　　质量反馈：010-62772015，zhiliang@tup.tsinghua.edu.cn
　　课件下载：https://www.tup.com.cn，010-83470236
印 装 者：三河市天利华印刷装订有限公司
经　　销：全国新华书店
开　　本：186mm×240mm　　印　　张：20.5　　字　　数：462 千字
版　　次：2025 年 1 月第 1 版　　印　　次：2025 年 1 月第 1 次印刷
印　　数：1～1500
定　　价：79.00 元

产品编号：106941-01

前言
PREFACE

大模型是大语言模型(Large Language Model)的简称。大模型主要指具有数十亿甚至上百亿参数的深度学习模型,具备大容量、大算力、多参数等特点。大模型由早期的单语言预训练模型发展至之后的多语言预训练模型,再到现阶段的多模态预训练模型。随着人工智能技术的发展和应用场景的不断扩大,大模型从最初主要应用于计算机视觉、自然语言处理逐渐应用于医疗、金融、智能制造等领域,这些领域都需要处理大量的数据,可实现处理多任务的目标,由于大模型能够提供更高效、更精准的解决方案,目前已成为人工智能领域的重要发展方向之一。

大学作为传播知识、科研创新、服务社会的主要平台,为社会培养具有创新思维的现代化人才责无旁贷。本书依据当今社会的发展趋势,基于工程教学经验,将大模型相关知识提炼为适合国情、具有特色的创新实践教材。在本书中,作者总结了30个案例,希望以此书来推进创新创业教育,为国家培育更多掌握自主技术的创新创业型人才。

本书的内容和素材主要来源于以下方面:作者所在学校近几年承担的教育部和北京市的教育、教学改革项目与成果;作者指导的研究生在物联网方向的研究工作及成果;北京邮电大学信息与通信工程专业创新实践。该专业学生通过CDIO工程教育方法,实现创新研发,不但学到了知识,提高了能力,而且为本书提供了第一手素材和资料,在此向信息与通信工程专业的学生表示感谢。

本书的编写得到了教育部高等学校电子信息类专业教学指导委员会、信息工程专业国家第一类特色专业建设项目、信息工程专业国家第二类特色专业建设项目、教育部CDIO工程教育模式研究与实践项目、教育部本科教学工程项目、信息与通信工程专业北京市特色专业项目、北京高等学校教育教学改革项目的大力支持。本书由北京邮电大学教学综合改革项目(2022SJJX-A01)资助,特此表示感谢!

由于作者水平有限,书中难免存在不当之处,敬请读者不吝指正,以便作者进一步修改和完善。

李永华

于北京邮电大学

2024 年 8 月

目 录
CONTENTS

项目 1　美食推荐 ·· 1

  1.1　总体设计 ·· 1
      1.1.1　整体框架 ·· 1
      1.1.2　系统流程 ·· 1
  1.2　开发环境 ·· 2
      1.2.1　安装 PyCharm ·· 3
      1.2.2　环境配置 ·· 5
      1.2.3　创建项目 ·· 7
      1.2.4　大模型 API 申请 ·· 7
  1.3　系统实现 ·· 12
      1.3.1　头部<head> ·· 12
      1.3.2　背景样式<back> ·· 12
      1.3.3　主体<body> ·· 13
      1.3.4　App.py 脚本 ·· 14
      1.3.5　random_food.py 脚本 ·· 14
  1.4　功能测试 ·· 14
      1.4.1　运行项目 ·· 14
      1.4.2　发送问题及响应 ·· 15
      1.4.3　美食软件网页版跳转 ·· 15

项目 2　语言学习 ·· 17

  2.1　总体设计 ·· 17
      2.1.1　整体框架 ·· 17
      2.1.2　系统流程 ·· 17
  2.2　开发环境 ·· 18
      2.2.1　安装 VS Code ·· 18
      2.2.2　安装 Node.js ·· 20

2.2.3　安装pnpm ……………………………………………………… 23
　　2.2.4　环境配置 …………………………………………………………… 24
　　2.2.5　创建项目 …………………………………………………………… 25
　　2.2.6　大模型API申请 …………………………………………………… 26
2.3　系统实现 ……………………………………………………………………… 29
　　2.3.1　头部＜head＞ ……………………………………………………… 29
　　2.3.2　样式＜style＞ ……………………………………………………… 29
　　2.3.3　主体＜body＞ ……………………………………………………… 32
　　2.3.4　main.js脚本 ………………………………………………………… 33
2.4　功能测试 ……………………………………………………………………… 39
　　2.4.1　运行项目 …………………………………………………………… 39
　　2.4.2　发送问题及响应 …………………………………………………… 40

项目3　生成戏文 …………………………………………………………………… 43

3.1　总体设计 ……………………………………………………………………… 43
　　3.1.1　整体框架 …………………………………………………………… 43
　　3.1.2　系统流程 …………………………………………………………… 44
3.2　开发环境 ……………………………………………………………………… 44
　　3.2.1　安装VS Code ……………………………………………………… 44
　　3.2.2　安装Node.js ………………………………………………………… 44
　　3.2.3　环境配置 …………………………………………………………… 46
　　3.2.4　大模型API申请 …………………………………………………… 47
3.3　系统实现 ……………………………………………………………………… 47
　　3.3.1　头部＜head＞ ……………………………………………………… 47
　　3.3.2　样式＜style＞ ……………………………………………………… 47
　　3.3.3　主体＜body＞ ……………………………………………………… 48
　　3.3.4　主体＜body＞脚本 ………………………………………………… 49
　　3.3.5　其他界面设计 ……………………………………………………… 50
3.4　功能测试 ……………………………………………………………………… 52
　　3.4.1　运行项目 …………………………………………………………… 53
　　3.4.2　发送问题及响应 …………………………………………………… 55

项目4　智能电影 …………………………………………………………………… 56

4.1　总体设计 ……………………………………………………………………… 56
　　4.1.1　整体框架 …………………………………………………………… 56
　　4.1.2　系统流程 …………………………………………………………… 57

4.2 开发环境 58
4.2.1 安装 PyCharm 58
4.2.2 安装 Python 58
4.2.3 软件包 60
4.2.4 创建项目 61
4.2.5 大模型 API 申请 61
4.3 系统实现 61
4.3.1 主函数 Main 62
4.3.2 推荐算法 62
4.3.3 调用大模型 64
4.3.4 主体及 GUI 界面 67
4.4 功能测试 69
4.4.1 运行项目 69
4.4.2 发送问题及响应 70

项目 5 图像处理 72

5.1 总体设计 72
5.1.1 整体框架 72
5.1.2 系统流程 73
5.2 开发环境 73
5.2.1 安装 PyQt5 73
5.2.2 环境配置 73
5.2.3 大模型 API 申请 75
5.3 系统实现 77
5.3.1 PyQt5 组件初始化与绑定机制 77
5.3.2 PyQt5 槽函数的定义 77
5.3.3 主函数 77
5.4 功能测试 78
5.4.1 图像处理功能测试 78
5.4.2 图像生成功能测试 84

项目 6 职业匹配 87

6.1 总体设计 87
6.1.1 整体框架 87
6.1.2 系统流程 88
6.2 开发环境 89

6.2.1 安装 Anaconda …… 89
6.2.2 创建 Git …… 90
6.2.3 安装 Streamlit …… 91
6.2.4 LangChain 的安装与使用 …… 91
6.2.5 环境配置 …… 92
6.2.6 创建项目 …… 92
6.2.7 大模型 API 申请 …… 92
6.3 系统实现 …… 94
6.3.1 PDF 读取模块 …… 94
6.3.2 样式< style > …… 94
6.3.3 模型交互 …… 95
6.3.4 主程序逻辑 …… 95
6.4 功能测试 …… 96
6.4.1 运行项目 …… 96
6.4.2 发送问题及响应 …… 96

项目 7 生成简历 …… 99

7.1 总体设计 …… 99
7.1.1 整体框架 …… 99
7.1.2 系统流程 …… 100
7.2 开发环境 …… 100
7.2.1 安装 Node.js …… 101
7.2.2 安装 pnpm …… 101
7.2.3 环境配置 …… 101
7.2.4 创建项目 …… 102
7.2.5 大模型 API 申请 …… 102
7.3 系统实现 …… 102
7.3.1 头部< head > …… 103
7.3.2 样式< style > …… 103
7.3.3 主体< body > …… 103
7.3.4 main.js 脚本 …… 103
7.4 功能测试 …… 103
7.4.1 运行项目 …… 103
7.4.2 发送问题及响应 …… 104

项目 8 产品推荐 ··· 105

8.1 总体设计 ··· 105
8.1.1 整体框架 ··· 105
8.1.2 系统流程 ··· 105

8.2 开发环境 ··· 106
8.2.1 安装 PyCharm ··· 106
8.2.2 环境配置 ··· 106
8.2.3 大模型 API 申请 ··· 106

8.3 系统实现 ··· 107
8.3.1 头部 < head > ··· 107
8.3.2 样式 < style > ··· 107
8.3.3 主体 < body > ··· 107
8.3.4 App.py ··· 107

8.4 功能测试 ··· 108
8.4.1 运行项目 ··· 108
8.4.2 发送问题及响应 ··· 108

项目 9 重生之水浒穿越 ··· 110

9.1 总体设计 ··· 110
9.1.1 整体框架 ··· 110
9.1.2 系统流程 ··· 111

9.2 开发环境 ··· 111
9.2.1 安装 Python ··· 111
9.2.2 安装 Anaconda ··· 113
9.2.3 环境配置 ··· 116
9.2.4 大模型 API 申请 ··· 116

9.3 系统实现 ··· 116
9.3.1 main.py ··· 116
9.3.2 utils.py ··· 117

9.4 功能测试 ··· 119
9.4.1 运行项目 ··· 119
9.4.2 发送问题及响应 ··· 119

项目 10 小说创作 ··· 122

10.1 总体设计 ··· 122

10.1.1　整体框架 ··· 122
10.1.2　系统流程 ··· 123
10.2　开发环境 ·· 123
10.2.1　安装 Python ··· 123
10.2.2　安装 PyCharm ·· 124
10.2.3　环境配置 ··· 125
10.2.4　创建项目 ··· 126
10.2.5　大模型 API 申请 ··· 128
10.3　系统实现 ·· 128
10.3.1　头部引入 ··· 128
10.3.2　关键函数 ··· 128
10.3.3　窗口实现 ··· 128
10.3.4　Spark API ·· 128
10.4　功能测试 ·· 128
10.4.1　运行项目 ··· 128
10.4.2　发送问题及响应 ··· 128

项目 11　情绪分析 ·· 131

11.1　总体设计 ·· 131
11.1.1　整体框架 ··· 131
11.1.2　系统流程 ··· 131
11.2　开发环境 ·· 132
11.2.1　安装 Anaconda ·· 132
11.2.2　安装 Tkinter 和 OpenAI 库 ·· 132
11.2.3　编辑器环境配置 ··· 133
11.2.4　大模型 API 申请 ··· 134
11.3　系统实现 ·· 135
11.3.1　guitest.ipynb ·· 135
11.3.2　omgtest.ipynb ·· 136
11.3.3　omgloop.ipynb ··· 136
11.3.4　main.py ··· 136
11.4　功能测试 ·· 136
11.4.1　运行项目 ··· 136
11.4.2　发送问题及响应 ··· 136

项目 12 文字转图像 ······ 138

12.1 总体设计 ······ 138
12.1.1 整体框架 ······ 138
12.1.2 系统流程 ······ 139

12.2 开发环境 ······ 140
12.2.1 安装 Python ······ 140
12.2.2 安装 PyCharm ······ 140
12.2.3 安装 PyWebIO 库 ······ 140
12.2.4 大模型 API 申请 ······ 140

12.3 系统实现 ······ 140
12.3.1 获取鉴权参数 ······ 140
12.3.2 主程序 ······ 140

12.4 功能测试 ······ 141
12.4.1 运行项目 ······ 141
12.4.2 发送问题及响应 ······ 141

项目 13 足球资讯 ······ 143

13.1 总体设计 ······ 143
13.1.1 整体框架 ······ 143
13.1.2 系统流程 ······ 144

13.2 开发环境 ······ 144
13.2.1 安装 Python 库 ······ 144
13.2.2 大模型 API 申请 ······ 145

13.3 系统实现 ······ 145
13.3.1 soccerhelper.py ······ 145
13.3.2 mainWindow.py ······ 145
13.3.3 SparkAPI.py ······ 145

13.4 功能测试 ······ 145
13.4.1 运行项目 ······ 145
13.4.2 发送问题及响应 ······ 146

项目 14 图书馆检索 ······ 148

14.1 总体设计 ······ 148
14.1.1 整体框架 ······ 148
14.1.2 系统流程 ······ 148

14.2 开发环境 ··· 150
14.2.1 安装 PyCharm ··· 150
14.2.2 创建 Python 虚拟环境 ··· 151
14.2.3 安装数据库 ··· 153
14.2.4 创建项目 ··· 154
14.2.5 大模型 API 申请 ··· 158
14.3 系统实现 ··· 161
14.3.1 前端 HTML 文件 ··· 162
14.3.2 视图文件 views.py ··· 162
14.4 功能测试 ··· 163
14.4.1 成果展示 ··· 164
14.4.2 后端日志监控 ··· 166
14.4.3 大模型 API 调用情况 ··· 167

项目 15 音色转换 ··· 169
15.1 总体设计 ··· 169
15.1.1 整体框架 ··· 169
15.1.2 系统流程 ··· 170
15.2 开发环境 ··· 170
15.2.1 配置 PyCharm 解释器 ··· 171
15.2.2 安装 Python 包 ··· 171
15.2.3 环境配置 ··· 171
15.2.4 大模型 API 申请 ··· 173
15.3 系统实现 ··· 173
15.3.1 窗口设计 ··· 174
15.3.2 调用音色转换 ··· 174
15.3.3 文件格式转换 ··· 174
15.3.4 窗口前端和后端业务逻辑连接 ··· 174
15.4 功能测试 ··· 175
15.4.1 运行项目 ··· 175
15.4.2 项目输出 ··· 176

项目 16 智能换脸 ··· 178
16.1 总体设计 ··· 178
16.1.1 整体框架 ··· 178
16.1.2 系统流程 ··· 179

16.2 开发环境 …………………………………………………………………… 179
　　16.2.1 安装 Python 库 ………………………………………………… 179
　　16.2.2 创建项目 ………………………………………………………… 180
　　16.2.3 大模型 API 申请 ………………………………………………… 180
16.3 系统实现 …………………………………………………………………… 182
　　16.3.1 主界面类 DisplayWindow …………………………………… 182
　　16.3.2 子界面 SecondWindow ……………………………………… 183
　　16.3.3 子界面 ThirdWindow ………………………………………… 184
　　16.3.4 子界面 ForthWindow 类 ……………………………………… 184
　　16.3.5 线程类 VideoThread ………………………………………… 185
　　16.3.6 线程类 APICaller ……………………………………………… 185
　　16.3.7 线程类 MonitorThread ……………………………………… 186
　　16.3.8 其他类 FolderHandler ……………………………………… 186
　　16.3.9 requests.py 文件 ……………………………………………… 187
16.4 功能测试 …………………………………………………………………… 190
　　16.4.1 运行项目 ………………………………………………………… 190
　　16.4.2 拍照 ……………………………………………………………… 191
　　16.4.3 选择本地图像 …………………………………………………… 191
　　16.4.4 搜索目标人脸 …………………………………………………… 192
　　16.4.5 换脸 ……………………………………………………………… 193

项目 17　留学文书 …………………………………………………………… 194

17.1 总体设计 …………………………………………………………………… 194
　　17.1.1 整体框架 ………………………………………………………… 194
　　17.1.2 系统流程 ………………………………………………………… 195
17.2 开发环境 …………………………………………………………………… 195
　　17.2.1 安装 Node.js …………………………………………………… 195
　　17.2.2 安装 Vue.js ……………………………………………………… 195
　　17.2.3 大模型 API 申请 ………………………………………………… 195
17.3 系统实现 …………………………………………………………………… 196
　　17.3.1 API.js …………………………………………………………… 196
　　17.3.2 headBar.vue …………………………………………………… 196
　　17.3.3 index.vue ……………………………………………………… 197
　　17.3.4 App.vue ………………………………………………………… 198
17.4 功能测试 …………………………………………………………………… 198
　　17.4.1 运行项目 ………………………………………………………… 198

17.4.2 发送问题及响应 …… 198

项目18 宠物帮手 …… 200

18.1 总体设计 …… 200
18.1.1 整体框架 …… 200
18.1.2 系统流程 …… 200

18.2 开发环境 …… 201
18.2.1 安装 Node.js …… 201
18.2.2 安装 pnpm …… 202
18.2.3 环境配置 …… 202
18.2.4 创建项目 …… 202
18.2.5 大模型 API 申请 …… 202

18.3 系统实现 …… 202
18.3.1 头部 <head> …… 202
18.3.2 样式 style.css …… 203
18.3.3 样式 one.css …… 203
18.3.4 主体 <body> …… 203
18.3.5 其余文件的主体 <body> …… 204
18.3.6 main.js 脚本 …… 204

18.4 功能测试 …… 205
18.4.1 运行项目 …… 205
18.4.2 发送问题及响应 …… 206

项目19 用户评价 …… 208

19.1 总体设计 …… 208
19.1.1 整体框架 …… 208
19.1.2 系统流程 …… 208

19.2 开发环境 …… 209
19.2.1 安装 PyCharm …… 209
19.2.2 安装 urllib …… 209
19.2.3 环境配置 …… 209
19.2.4 创建项目 …… 209

19.3 系统实现 …… 210
19.3.1 导入运行库 …… 210
19.3.2 获取 Stoken …… 210
19.3.3 获取回答 …… 211

19.3.4 主函数 ··· 212
19.4 功能测试 ··· 212
19.4.1 运行项目 ··· 212
19.4.2 发送问题及响应 ··· 213

项目20 旅游图鉴 ··· 214

20.1 总体设计 ··· 214
20.1.1 整体框架 ··· 214
20.1.2 系统流程 ··· 215
20.2 开发环境 ··· 215
20.2.1 安装Node.js ··· 215
20.2.2 安装pnpm ·· 215
20.2.3 环境配置 ··· 216
20.2.4 创建项目 ··· 216
20.2.5 大模型API申请 ··· 216
20.3 系统实现 ··· 216
20.3.1 头部<head> ··· 216
20.3.2 样式<style> ··· 217
20.3.3 主体<body> ··· 217
20.3.4 main.js脚本 ··· 217
20.4 功能测试 ··· 217
20.4.1 运行项目 ··· 217
20.4.2 发送问题及响应 ··· 218

项目21 文案助手 ··· 220

21.1 总体设计 ··· 220
21.1.1 整体框架 ··· 220
21.1.2 系统流程 ··· 220
21.2 开发环境 ··· 221
21.2.1 安装Python ··· 221
21.2.2 安装PyCharm ··· 221
21.2.3 安装PyWebIO库 ·· 221
21.2.4 大模型API申请 ··· 224
21.3 系统实现 ··· 225
21.3.1 主程序 ··· 225
21.3.2 API通信 ··· 226

21.4 功能测试 ·· 226
  21.4.1 运行项目 ·· 226
  21.4.2 发送问题及响应 ··· 226

项目 22   菜谱推荐 ··· 228

22.1 总体设计 ·· 228
  22.1.1 整体框架 ·· 228
  22.1.2 系统流程 ·· 228
22.2 开发环境 ·· 229
  22.2.1 安装 Node.js ·· 229
  22.2.2 安装 pnpm ··· 229
  22.2.3 环境配置 ·· 229
  22.2.4 创建项目 ·· 230
  22.2.5 大模型 API 申请 ·· 230
22.3 系统实现 ·· 230
  22.3.1 头部 < head > ··· 231
  22.3.2 样式 < style > ··· 231
  22.3.3 主体 < body > ·· 231
  22.3.4 main.js 脚本 ··· 231
22.4 功能测试 ·· 231
  22.4.1 运行项目 ·· 231
  22.4.2 发送问题及响应 ··· 231

项目 23   文字纠错 ··· 233

23.1 总体设计 ·· 233
  23.1.1 整体框架 ·· 233
  23.1.2 系统流程 ·· 233
23.2 开发环境 ·· 234
  23.2.1 安装 Node.js ·· 234
  23.2.2 安装 pnpm ··· 234
  23.2.3 环境配置 ·· 234
  23.2.4 创建项目 ·· 235
  23.2.5 大模型 API 申请 ·· 236
23.3 系统实现 ·· 236
  23.3.1 头部 < head > ··· 236
  23.3.2 样式 < style > ··· 236

23.3.3 主体\<body\>……238
23.3.4 main.js 脚本……238
23.4 功能测试……238
23.4.1 运行项目……238
23.4.2 发送问题及响应……238

项目24 网球运动员……240

24.1 总体设计……240
24.1.1 整体框架……240
24.1.2 系统流程……240
24.2 开发环境……241
24.2.1 安装 Python……241
24.2.2 安装 PyCharm……241
24.2.3 环境配置……241
24.2.4 大模型 API 申请……241
24.3 系统实现……241
24.3.1 头部\<head\>……242
24.3.2 样式\<style\>……242
24.3.3 主体\<body\>……243
24.3.4 main.py 脚本……243
24.4 功能测试……243
24.4.1 运行项目……243
24.4.2 发送问题及响应……243

项目25 职业推荐……245

25.1 总体设计……245
25.1.1 整体框架……245
25.1.2 系统流程……245
25.2 开发环境……246
25.2.1 安装 PyCharm……246
25.2.2 大模型 API 申请……246
25.3 系统实现……246
25.3.1 头部\<head\>……247
25.3.2 样式\<style\>……247
25.3.3 主体\<body\>……247
25.3.4 App.py……247

25.4 功能测试 247
　　25.4.1 运行项目 247
　　25.4.2 发送问题及响应 247

项目26 职场助手 249

26.1 总体设计 249
　　26.1.1 整体框架 249
　　26.1.2 系统流程 250
26.2 开发环境 250
　　26.2.1 安装微信开发者工具 250
　　26.2.2 安装MySQL 254
　　26.2.3 安装Navicat 255
　　26.2.4 环境配置 255
　　26.2.5 项目启动 255
　　26.2.6 大模型API申请 257
26.3 系统实现 257
　　26.3.1 小程序全局配置 257
　　26.3.2 spark 258
　　26.3.3 user 259
　　26.3.4 后端服务器 259
26.4 功能测试 259
　　26.4.1 发送问题及响应 259
　　26.4.2 查询历史记录 260

项目27 手绘图像识别 261

27.1 总体设计 261
　　27.1.1 整体框架 261
　　27.1.2 系统流程 261
27.2 开发环境 262
　　27.2.1 安装微信开发者工具 262
　　27.2.2 安装调试基础库 262
　　27.2.3 大模型API申请 263
27.3 系统实现 264
　　27.3.1 画板组件 264
　　27.3.2 主界面的.js文件 264
　　27.3.3 .wxml文件和.wxss文件 265

  27.4 功能测试 ·········· 266
    27.4.1 运行项目 ·········· 266
    27.4.2 绘制图像获得回答 ·········· 266

项目 28 文献阅读 ·········· 268

  28.1 总体设计 ·········· 268
    28.1.1 整体框架 ·········· 268
    28.1.2 系统流程 ·········· 268
  28.2 开发环境 ·········· 269
    28.2.1 配置服务器端 ·········· 269
    28.2.2 环境配置 ·········· 272
    28.2.3 大模型 API 申请 ·········· 273
  28.3 系统实现 ·········· 273
    28.3.1 前端代码 ·········· 273
    28.3.2 后端代码 ·········· 275
  28.4 功能测试 ·········· 278

项目 29 法律咨询 ·········· 280

  29.1 总体设计 ·········· 280
    29.1.1 整体框架 ·········· 280
    29.1.2 系统流程 ·········· 280
  29.2 开发环境 ·········· 281
    29.2.1 安装微信开发者工具 ·········· 281
    29.2.2 大模型 API 申请 ·········· 281
  29.3 系统实现 ·········· 281
    29.3.1 index.js ·········· 282
    29.3.2 index.wxml ·········· 282
    29.3.3 index.wxss ·········· 283
    29.3.4 hotline.wxml ·········· 284
    29.3.5 hotline.wxss ·········· 284
    29.3.6 consult.js ·········· 285
    29.3.7 consult.wxml ·········· 287
    29.3.8 consult.wxss ·········· 287
    29.3.9 lawfirm.js ·········· 288
    29.3.10 lawfirm.wxml ·········· 290
    29.3.11 lawfirm.wxss ·········· 291

	29.3.12	App.js	292
	29.3.13	App.json	292
	29.3.14	App.wxss	292
	29.3.15	Project.config.json	295

29.4 功能测试 296
    29.4.1 运行项目 296
    29.4.2 发送问题及响应 297

项目 30　文风模拟 299

30.1 总体设计 299
    30.1.1 整体框架 299
    30.1.2 系统流程 299
30.2 开发环境 300
    30.2.1 安装 Python 300
    30.2.2 安装库和模块 301
    30.2.3 创建项目 302
    30.2.4 大模型 API 申请 303
30.3 系统实现 303
    30.3.1 导入模块和初始化 303
    30.3.2 创建文本框及文风选择 303
    30.3.3 设置按钮样式及模型版本 305
    30.3.4 运行 Tkinter 主循环 305
30.4 功能测试 306
    30.4.1 运行项目 306
    30.4.2 发送问题及响应 306

项目 1

美 食 推 荐

本项目基于超文本标记语言（Hyper Text Markup Language，HTML），使用串联样式表（Cascading Style Sheet，CSS）进行样式设计，使用 JavaScript 建立执行逻辑，依靠百度智能云千帆大模型平台调用开放的应用程序接口（Application Program Interface，API），获取用户询问各类美食问题的答案。

1.1 总体设计

本部分包括整体框架和系统流程。

1.1.1 整体框架

整体框架如图 1-1 所示。

项目 1
教学资源

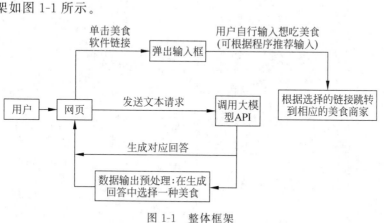

图 1-1 整体框架

1.1.2 系统流程

系统流程如图 1-2 所示。

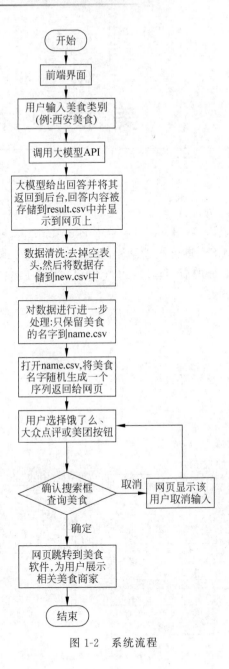

图 1-2　系统流程

1.2　开发环境

本节主要介绍 PyCharm 的安装过程,给出所需要的依赖环境配置,创建一个项目并介绍大模型 API 的申请步骤。

1.2.1 安装 PyCharm

进入 PyCharm 官网，如图 1-3 所示。

图 1-3　PyCharm 官网

单击 Download 界面如图 1-4 所示。

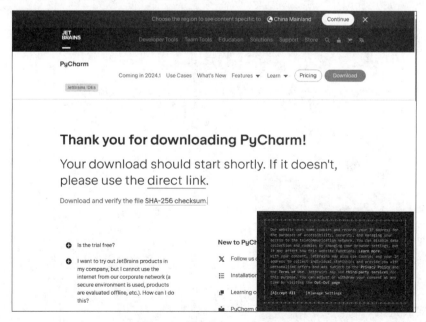

图 1-4　单击 Download 界面

下载 pycharm-professional 应用程序到指定路径中，如图 1-5 所示。

图 1-5　下载 pycharm-professional 应用程序

打开 pycharm-professional 应用程序，显示 PyCharm 安装程序界面，如图 1-6 所示。

图 1-6　PyCharm 安装程序界面

选择安装位置，如图 1-7 所示。

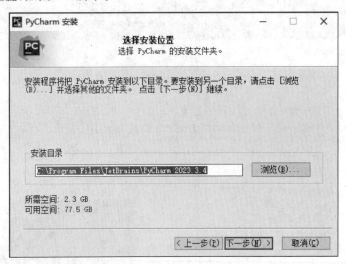

图 1-7　选择安装位置

选择安装选项，如图 1-8 所示。

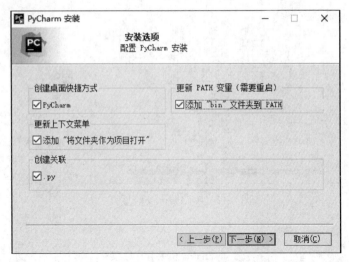

图 1-8 选择安装选项

选择开始菜单目录,如图 1-9 所示。

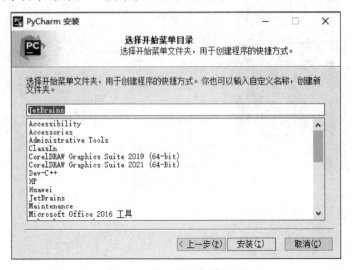

图 1-9 选择开始菜单目录

PyCharm 安装过程,如图 1-10 所示。
PyCharm 安装完成,如图 1-11 所示。

1.2.2 环境配置

(1) Flask 框架。

用途:Flask 框架是一款由 Python 编写的万维网(World Wide Web,Web 或 WWW)框架。它提供一个简单且灵活的 API,使开发者能够快速创建 Web 服务。

特点:Flask 允许开发者自定义路由、处理请求和生成响应,它还提供扩展和插件,以支

图 1-10　PyCharm 安装过程

图 1-11　PyCharm 安装完成

持各种功能,如数据库连接、模板渲染等。

(2) 数据交换格式(JavaScript Object Notation,JSON)。

用途:用于处理 JSON 数据格式。

特点:JSON 是一种常用的数据交换格式,可以将 JSON 数据解码为 Python 对象。

(3) 逗号分隔值(Comma-Separated Values,CSV)。

用途:用于读取和写入 CSV 文件。

特点:CSV 能够提供一组简单的方法读取和写入数据,而且还支持不同的分隔符和编码方式。

(4) 正则表达式(Regular Expression,RE)。

用途:用于匹配和操作 RE。

特点:提供一组使用 RE 匹配字符串的方法,并进行相关操作,如替换、分割等,可以发挥数据清洗和模式匹配中的作用。

1.2.3 创建项目

新建 Flask Project，选择 Previously configured interpreter，如图 1-12 所示。

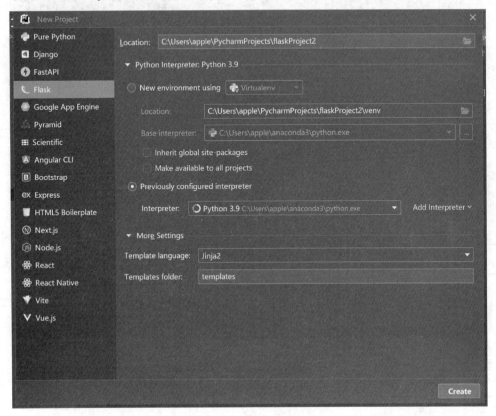

图 1-12 新建 Flask Project

创建 Flask Project，如图 1-13 所示。

1.2.4 大模型 API 申请

百度智能云千帆大模型平台首页如图 1-14 所示。
注册界面如图 1-15 所示。
注册成功后，进入百度智能云千帆大模型平台界面，选择应用接入，如图 1-16 所示。
单击"创建应用"按钮，如图 1-17 所示。
应用创建成功如图 1-18 所示。
应用创建成功之后，可以进行与实现项目功能有关的操作，选择 API 列表，如图 1-19 所示。
单击"调用统计"，可查看接口调用情况，如图 1-20 所示。

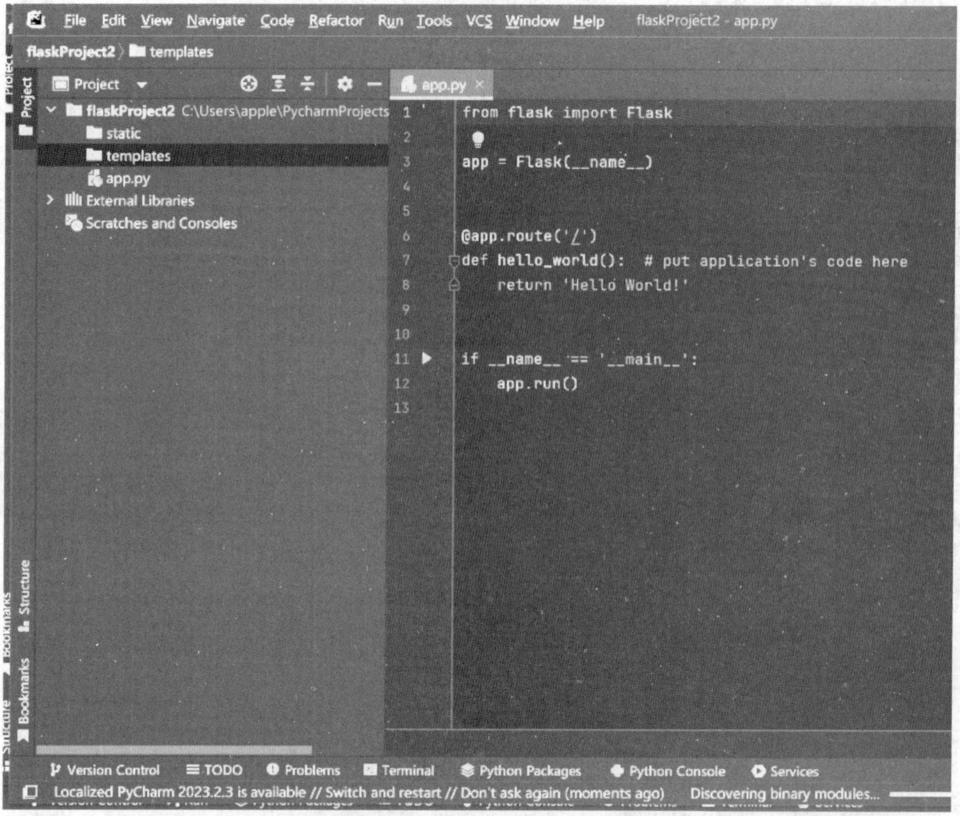

图 1-13 Flask Project

图 1-14 百度智能云千帆大模型平台首页

图 1-15　注册界面

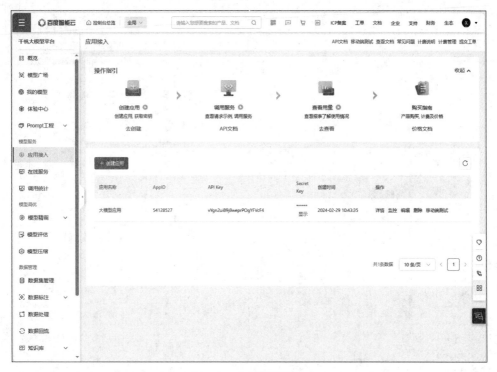

图 1-16　选择应用接入

图 1-17 创建应用

图 1-18 应用创建成功

图1-19 选择API列表

图1-20 接口调用情况

1.3 系统实现

本项目使用 PyCharm 开发环境搭建 Web 项目，文件结构如图 1-21 所示。

图 1-21　文件结构

1.3.1　头部< head >

定义文档字符和设置网页样式的相关代码如下。

```
< head >
< meta charset = "UTF - 8">< title >美食推荐</title ><!-- 定义文档字符编码为 UTF - 8 -->
< link rel = "stylesheet" href = "/static/css/back.css"><!-- 设置网页样式为 back.css 文件 -->
</head >
```

1.3.2　背景样式< back >

设置背景样式的相关代码如下。

```
body {    /* body 是 CSS 选择器，表示相关样式应用于 HTML 文档中的< body >标签 */
    background - image: url('photo.jpg');    /* 设置背景图像，URL 是统一资源定位符，是 Uniform
                                                Resource Location 的缩写 */
    background - repeat: no - repeat;    /* 图像只显示一次，不会重复 */
    background - size: cover;    /* 定义背景图像的大小，cover 的值确保背景图像始终覆盖整个
                                    元素 */
}
.container {
    width: 800px;
    margin: 0 auto;
    padding: 20px;
```

```
    background-color:white;
}
```

1.3.3　主体< body >

定义输入框按钮的相关代码见本书配套资源"代码文件1-1"。

(1) 外层容器。

< div style = "width：800px；height：30px；margin：auto；font-size：40px；margin：auto；">中的</div>设置宽度为800px、高度为30px、字体大小为40px 的容器，通过 margin 使 auto 在水平方向上居中。

(2) 主表单容器。

< div style = "width：700px；height：400px；margin：20px auto">设置宽度为700px、高度为400px、外边距为20px 的容器。

(3) 输入框与提交按钮。

< input type = "text" name = "question" id = "question" style = "width：400px"/>< input type = "submit" value = "提交" style = "background-color：dodgerblue"/>使用户可以在输入框中输入问题，并单击提交按钮。

(4) 已提交的问题。

< textarea name = "password" id = "password" disabled = "disabled" style = "width：400px">{{content}}</textarea>使用双花括号{{content}}插入动态内容，将用户输入的问题再显示一遍。

(5) 大模型给出回答。

< textarea name = "result" id = "result"　disabled = "disabled" style = "width：800px；height：250px">{{reply}}</textarea>显示大模型给用户的回答，这里同样使用双花括号{{reply}}插入动态内容。

(6) 系统推荐的美食。

< textarea name = "up_recommend" id = "up_recommend"　disabled = "disabled"和 style = "width：400px">{{up_recommend}}</textarea>显示系统推荐的美食，使用双花括号{{up_recommend}}插入动态内容。

(7) 选择软件查看美食的按钮。

< div >容器用于包裹整个界面的内容。在容器内，有一个表单< form >，表单内包含 3 个按钮：饿了么、大众点评和美团。

用户单击"饿了么"按钮时，程序会执行名为 MsgBox 的 JavaScript 函数。JavaScript 函数弹出一个提示框，让用户输入想要查询美食的内容，该内容还可以作为饿了么搜索结果界面的关键词。如果用户没有输入任何内容并单击"确定"按钮，则界面上会显示"该用户取消了输入"。

用户单击"大众点评"按钮时，程序执行名为 MsgBox1 的 JavaScript 函数，然后打开大众点评的搜索结果界面。

用户单击"美团"按钮时,程序执行名为 MsgBox2 的 JavaScript 函数,然后打开美团的搜索结果界面。

1.3.4　App.py 脚本

接收前端数据并将数据返回给前端的相关代码见"代码文件 1-2"。

1.3.5　random_food.py 脚本

生成美食名字的相关代码如下。

```
def random_():
    with open("name.csv", "r", encoding = 'utf-8') as f:  # 打开文本
        total = sum(1 for line in f)
        a = randint(0, total-1)
    with open('name.csv', 'rt', encoding = 'utf-8') as csvfile:
        reader = csv.reader(csvfile)
        for i, rows in enumerate(reader):
            if i == a:
                row = rows
    str1 = ''.join(row)
    return str1
```

1.4　功能测试

本部分包括运行项目、发送问题及响应、美食软件网页版跳转。

1.4.1　运行项目

(1) 进入项目文件夹:C:\Users\apple\PycharmProjects\flaskProject。

(2) 运行项目程序:单击终端中显示的统一资源定位器(Uniform Resource Locator,URL),进入 http://127.0.0.1:5000/。

```
VITE v4.4.5 ready in 1015 ms
```

(3) 终端启动结果如图 1-22 所示,美食推荐网页如图 1-23 所示。

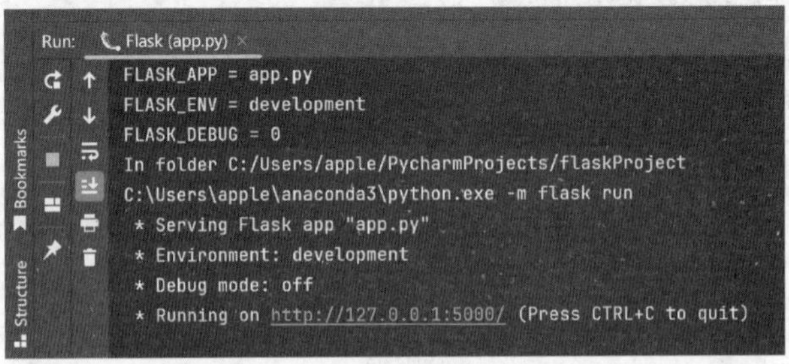

图 1-22　终端启动结果

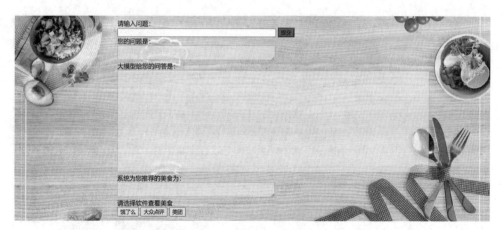

图 1-23　美食推荐网页

1.4.2　发送问题及响应

向百度智能云千帆大模型提问：推荐几个北京的美食。单击"提交"按钮后，收到的答案显示在文本框内，如图 1-24 所示。

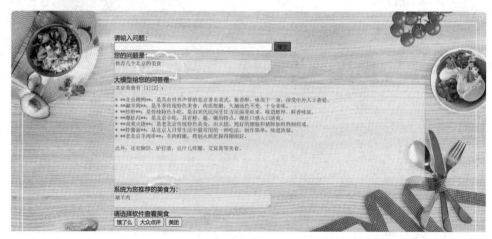

图 1-24　发送问题及响应

1.4.3　美食软件网页版跳转

以大众点评为例，单击"大众点评"后，网页跳转如图 1-25 所示。让用户再次输入的原因如下。

（1）用户如果不满意系统推荐的答案，可自行在大模型给出的回答中挑选一个美食输入。

（2）尽管大模型给出了答案，但是存在给出的回答不带标点符号导致程序提取美食名字失败的情况，这时需要用户自己从中提取美食名字。

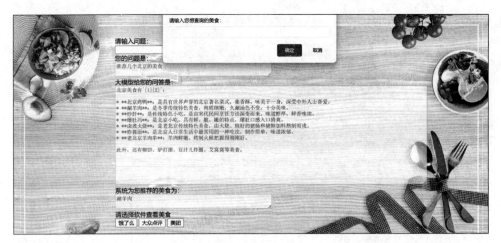

图 1-25　网页跳转

输入涮羊肉，单击"确定"按钮后，网页跳转到大众点评，如图 1-26 所示。

图 1-26　网页跳转到大众点评

项目 2 语 言 学 习

本项目基于 HTML 结构内容，使用 CSS 进行样式设计，使用 JavaScript 建立执行逻辑，依靠讯飞星火认知大模型调用开放的 API，实现单词查询、语法纠错及口语练习的功能。

2.1 总体设计

本部分包括整体框架和系统流程。

2.1.1 整体框架

整体框架如图 2-1 所示。

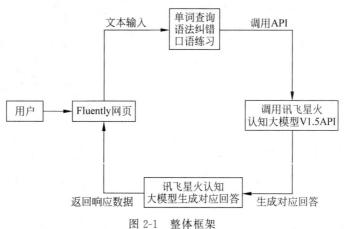

图 2-1 整体框架

项目 2
教学资源

2.1.2 系统流程

系统流程如图 2-2 所示。

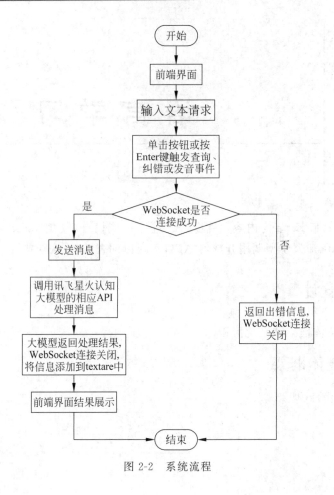

图 2-2　系统流程

2.2　开发环境

本节主要介绍 Visual Studio Code(简称为 VS Code)、Node.js、包管理工具(performant npm,pnpm)的安装过程,给出所需要的依赖环境配置,创建一个项目并介绍大模型 API 的申请步骤。

2.2.1　安装 VS Code

打开 VS Code 官方网站,下载 VS Code 安装包,如图 2-3 所示。
VS Code 默认安装目录如图 2-4 所示。
选择开始菜单文件夹如图 2-5 所示。
选择附加任务,将 VS Code 添加到系统环境变量中,如图 2-6 所示。
VS Code 安装过程如图 2-7 所示。

项目2 语言学习 19

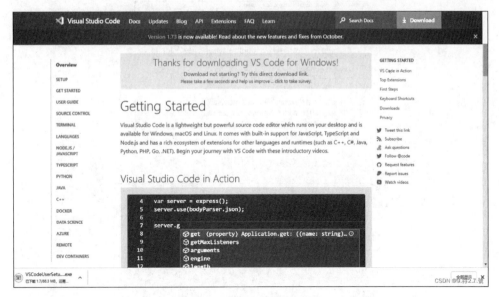

图 2-3 下载 VS Code 安装包

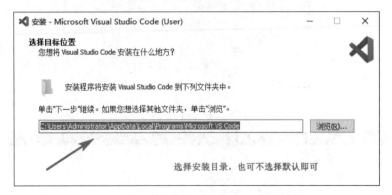

图 2-4 VS Code 默认安装目录

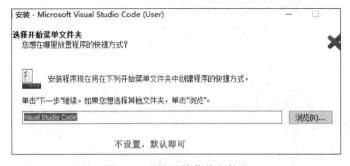

图 2-5 选择开始菜单文件夹

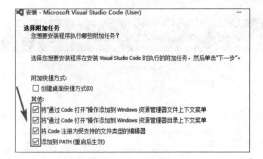

图 2-6　选择附加任务

图 2-7　VS Code 安装过程

2.2.2　安装 Node.js

下载 Node.js 安装包及其源码，如图 2-8 所示。

图 2-8　下载 Node.js 安装包及其源码

运行安装包界面如图 2-9 所示。

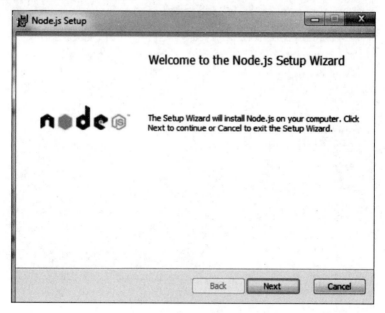

图 2-9 运行安装包界面

选择接受协议后单击 Next 按钮,如图 2-10 所示。

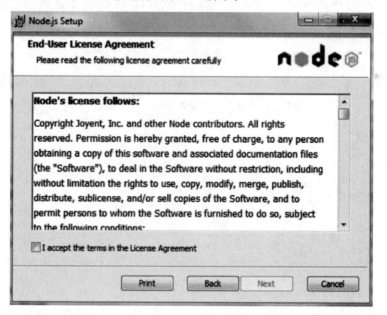

图 2-10 选择接受协议

Node.js 默认安装目录为 C:\Program Files\nodejs\,单击 Next 按钮,如图 2-11 所示。
选择需要的安装模式后单击 Next 按钮,如图 2-12 所示。

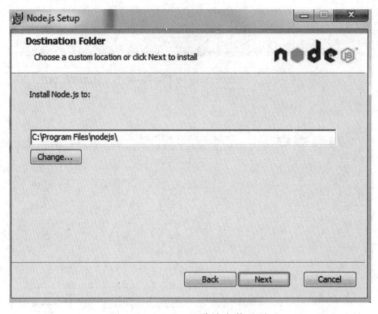

图 2-11　Node.js 默认安装目录

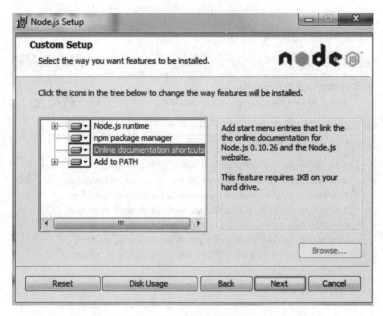

图 2-12　选择安装模式

单击 Install 按钮开始安装，如图 2-13 所示。

Node.js 安装过程如图 2-14 所示。

单击 Finish 按钮完成安装 Node.js，如图 2-15 所示。

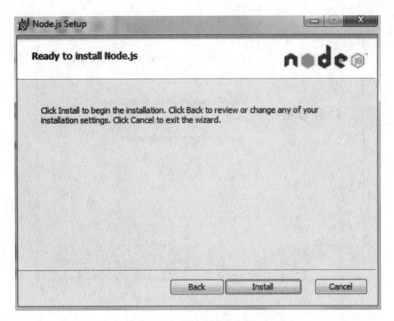

图 2-13　开始安装 Node.js

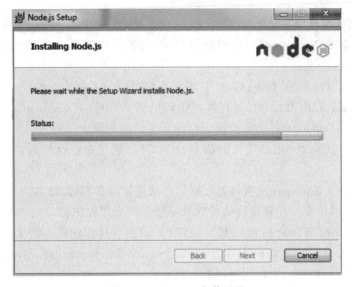

图 2-14　Node.js 安装过程

2.2.3　安装 pnpm

本项目使用 pnpm 作为管理工具，在启动之前，需要根据 package.json 和 pnpm-lock.yaml 安装依赖环境。pnpm 允许用户使用添加、更新和删除的功能，是一种高效、快速且严格的包管理解决方案。

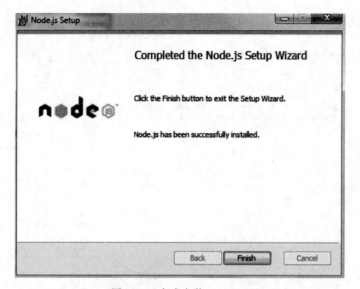

图 2-15　完成安装 Node.js

2.2.4　环境配置

项目所需的依赖环境主要记录在 package.json 和 pnpm-lock.yaml 文件中。

package.json 是 Node.js 项目中的配置文件,用于描述依赖关系、脚本命令等信息,主要作用如下。

(1) 元信息:包括名称、版本、描述、作者及指定项目的入口文件等。

(2) 依赖关系:列出项目运行和开发所依赖的第三方包。Dependencies 字段用于存储运行时的依赖,devDependencies 字段用于存储开发时的依赖。

(3) 脚本命令:包含一组自定义的脚本命令,可以通过命令行执行。例如,构建项目、运行测试等。

package.json 文件的存在使项目的配置信息变得可维护,且能够共享和分发。同时,通过 pnpm 工具,可以让安装和管理所依赖的软件包变得更加方便。

pnpm-lock.yaml 文件是 pnpm 包管理器用于锁定项目依赖版本的文件。类似于其他包管理器的锁定文件(如 package-lock.json 或 yarn.lock),pnpm-lock.yaml 的目的是确保项目在不同的环境和构建之间使用相同的包版本。

package.json 文件的相关代码如下。

```
{
  "name": "demo",
  "private": true,
  "version": "0.0.0",
  "type": "module",
  "scripts": {
    "dev": "vite -- host 10.129.187.235",
    "build": "vite build",
```

```
    "preview": "vite preview"
  },
  "dependencies": {
    "crypto-js": "^4.1.1"
  },
  "devDependencies": {
    "@vitejs/plugin-vue": "^4.2.3",
    "vite": "^4.4.5"
  }
}
```

name：项目的名称为 demo。

private：如果设置为 true，则可以防止应用程序/软件包被意外地发布到包管理器（modejs package manager，npm）中。

Version：项目的版本是 0.0.0。

Type：模块类型是 module。表示该项目使用 ECMAScript，而不是 CommonJS 模块。

Scripts：包含一组命令行运行的脚本。例如，dev、build 和 preview，这 3 个脚本分别用于开发、构建和预览。

dev：使用 Vite 启动开发服务器端，监听指定 IP 地址(--host 10.129.187.235)。

build：使用 Vite 构建项目。

preview：使用 Vite 运行构建后的项目预览。

Dependencies：是生产环境依赖包的列表，每个包的名称、版本号在列表指定所需的包和版本范围。

crypto-js：4.1.1-CryptoJS 库需要在 4.1.1 或更高版本才能安装。

devDependencies：是开发环境依赖包的列表。这些包只在开发时使用，而不会在实际运行时被包含在生产构建中。

@vitejs/plugin-vue：4.2.3 表示 Vite 插件需要在 4.2.3 或更高版本才能安装。

Vite：4.4.5 表示 Vite 构建工具需要在 4.4.5 或更高版本才能安装。

2.2.5　创建项目

创建 index.html 和 main.js 文件后打开终端进行环境安装。

（1）安装 Node 环境命令如下。

```
node -v
npm -v
```

（2）安装 pnpm 环境命令如下。

```
npm i -g pnpm
pnpm -v
```

（3）安装项目依赖环境命令如下。

```
pnpm i
```

(4)运行项目命令如下。

pnpm run dev

2.2.6 大模型 API 申请

讯飞星火认知大模型首页如图 2-16 所示。

图 2-16 讯飞星火认知大模型首页

注册界面如图 2-17 所示。

图 2-17 注册界面

单击"API 测试"按钮如图 2-18 所示。

图 2-18　单击"API 测试"按钮

单击"API 测试申请"按钮如图 2-19 所示。

图 2-19　单击"API 测试申请"按钮

填写工单信息如图 2-20 所示。

等待工单受理过程如图 2-21 所示。

申请通过之后,单击讯飞星火认知大模型 V1.5,查看服务接口认证信息。将服务接口认证信息中的 APPID、APISecret 和 APIKey 填写到 main.js 的 word、grammar 和 speaking 变量中,如图 2-22 所示。

图 2-20 填写工单信息

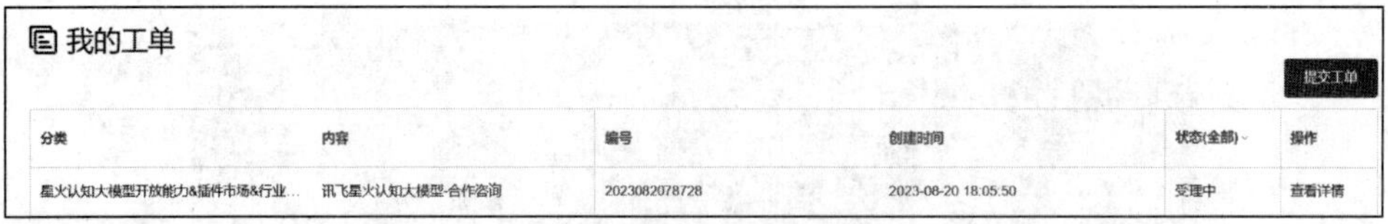

图 2-21 等待工单受理过程

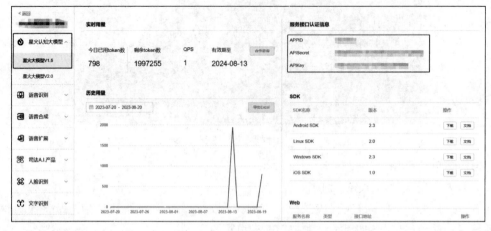

图 2-22 服务接口认证信息

2.3 系统实现

本项目使用 VS Code 开发环境搭建 Web 项目，文件结构如图 2-23 所示。

图 2-23 文件结构

2.3.1 头部< head >

定义文档字符和设置网页样式的相关代码如下。

```
<!DOCTYPE html><!-- HTML 文档类型为 HTML5,指示浏览器使用 HTML5 标准进行解析 -->
<html lang = "en"><!-- 设置文档的语言属性为英语 -->
<head> <!-- 包含文档的元信息和引用外部资源的标签 -->
    <meta charset = "UTF-8"><!-- 设置文档的字符集为 UTF-8,支持多语言字符 -->
    <meta name = "viewport" content = "width = device-width, initial-scale = 1.0"><!-- 设置视口属性,适配移动设备的屏幕宽度并设置初始缩放比例为 1.0 -->
    <title>Fluently</title><!-- 设置网页的标题为 Fluently -->
    <link rel = "stylesheet" href = "style.css"><!-- 引用外部样式表文件"style.css",用于定义网页的样式 -->
</head>
</html>
```

2.3.2 样式< style >

定义网页 CSS 样式的具体描述及相关代码如下。

（1）全局设置。首先创建一个宽度最大为 800px 的容器，然后设置居中、背景颜色、背景图像、阴影和圆角效果，最后设置 body 的字体为 Arial 或 sans-serif。

（2）标题样式。h1 和 h3 分别设置不同字体大小和字体样式；使用 linear-gradient 实现文字的颜色渐变效果。

（3）模块样式。Module 可以规定模块的基本样式，包括边框、圆角、颜色等；Module h2 设置模块标题的字体大小和底部边距。

（4）输入框和按钮样式。主要包括边框、圆角、背景颜色等。input-container 通过 Flex 布局，能够使输入框和按钮水平排列。

（5）背景图像。通过 background-image 和 background-color 属性，可以实现不同模块设置不同的背景颜色和背景图像。

（6）背景覆盖。使用 body::after 伪元素，通过 background-image 在整个界面上覆盖一个背景图案。

```css
/* 添加背景颜色 */
body {
    font-family:Arial, sans-serif;
    text-align:center;
    background-color: #f8f3f3;
    margin:0;
    padding:0;
}
.container {
    max-width:800px;
    margin:0 auto;
    padding:20px;
    background-color: #ffffff;
    background-image:url("cute3.jpg");
    box-shadow:0 0 10px rgba(0, 0, 0, 0.2);
    border-radius:10px;
}
h1 {
    font-size:48px;
    margin-bottom: -20px;
    font-family: Times, sans-serif;
    background-image: linear-gradient(to right, #ff0000, #0000ff); /* 设置从红色到蓝色的水平渐变 */
    -webkit-background-clip:text;
    -moz-background-clip:text;
    background-clip:text;
    color: transparent;
}
h3 {
    font-size:24px;
    margin-bottom:30px;
    font-family: Times,sans-serif;
    background-image:linear-gradient(to right, #ff0000, #0000ff); /* 设置从红色到蓝色的水平渐变 */
    -webkit-background-clip:text;
    -moz-background-clip:text;
    background-clip:text;
    color:transparent;
}
.module {
    margin-bottom:30px;
    padding: 20px;
    border: 1px solid #ccc;
    border-radius:10px;
```

```css
    background-color:#f9f9f9;
    text-align:left;
}
.module h2 {
    font-size:24px;
    margin-bottom:10px;
}
.input-container {
    display:flex;
    justify-content:space-between;
    margin-bottom:20px;
}
.input-box {
    flex:1;
    padding:10px;
    border:1px solid #ccc;
    border-radius:5px;
}
.output-box {
    width:100%;
    min-height:100px;
    padding:10px;
    border:1px solid #ccc;
    border-radius:5px;
    resize:none;
}
.get-answer-btn {
    padding:10px 20px;
    background-color:#64afff;
    color:#fff;
    border:none;
    cursor:pointer;
    border-radius:5px;
}
.get-answer-btn:hover {
    background-color:#107cf0;
}
/* 不同模块的颜色和图案 */
.word-module {
    background-color:#ffdb58;
    background-image:url("单词查询.jpg");
    background-size:contain;
}
.grammar-module {
    background-color:#83c6e0;
    background-image:url("语法纠错.jpg");
    background-size:contain;
}
.speaking-module {
    background-color:#ffffff;
    background-image:url("口语练习.jpg");
    background-size:contain;
}
body::after {
```

```
        content:"";
        position:fixed;
        top:0;
        left:0;
        width:100%;
        height:100%;
        pointer-events:none;
        background-image:url("背景.jpeg");
        background-repeat:repeat;
        z-index:-1;
}
```

2.3.3 主体\<body\>

与大模型进行通信的相关代码如下。

```
<body>
    <div class="container">
        <h1>Fluently</h1>
        <h3>Speak fluently with us!</h3>
        <!-- 单词查询模块 -->
        <div class="module word-module">
            <h2>单词查询</h2>
            <div class="input-container">
                <input type="text" class="input-box" id="wordInput" placeholder="输入单词">
                <button class="get-answer-btn" id="word-query-btn">查询</button>
            </div>
            <div class="output-box" id="wordOutput"></div>
        </div>
        <!-- 语法纠错模块 -->
        <div class="module grammar-module">
            <h2>语法纠错</h2>
            <div class="input-container">
                <input type="text" class="input-box" id="grammarInput" placeholder="输入句子">
                <button class="get-answer-btn" id="grammar-query-btn">纠错</button>
            </div>
            <div class="output-box" id="grammarOutput"></div>
        </div>
        <!-- 口语练习模块 -->
        <div class="module speaking-module">
            <h2>口语练习</h2>
            <div class="input-container">
                <input type="text" class="input-box" id="speakingInput" placeholder="输入练习内容">
                <button class="get-answer-btn" id="speaking-query-btn">发音</button>
            </div>
            <div class="output-box" id="speakingOutput"></div>
        </div>
        <!-- 通过script元素加载类型为"module"的JS文件main.js -->
        <script type="module" src="/src/main.js"></script>
```

```
            </div>
        </body>
```

说明：<div class="container">是容器 div，包含网页的主要内容。

<h1>是一级标题，显示 Fluently。

<h3>是三级标题，显示 Speak fluently with us!。

3个模块分别用于单词查询、语法纠错和口语练习。每个模块包含一个标题<h2>，其中<input>是输入框、<button>是按钮，用于向大模型发送请求，<div>用于输出。

<script>是加载外部 JavaScript 文件的 main.js 脚本，使用 type=module 表示该文件是一个 ES6 模块。

2.3.4　main.js 脚本

生成通用鉴权的步骤如下。

（1）定义 WebSocket 基础 URL，连接到特定路径。

（2）获取当前时间，并将其格式化为 GMT 字符串[格林尼治标准时(Greenwich Mean Time,GMT)]，用于构建鉴权信息。

（3）构建签名原文，包括 host、date 和 request-line 的信息。

（4）使用 HMAC-SHA256 算法对原文进行签名，然后将结果进行 Base64 编码并生成签名。

（5）构建 Authorization 内容，包括算法、签名和 headers，然后进行 Base64 编码。

（6）将构建好的 Authorization、date 和 host 参数添加到 WebSocket URL 中，形成最终的通用鉴权 WebSocket URL。

（7）使用 WebSocket 连接到特定的 URL（通过 getWebSocketUrl 函数获取）。

（8）在 WebSocket 的不同阶段（开启、消息接收、报错、关闭）设置相应的事件处理函数。

（9）创建一个包含应用程序 ID、用户 ID 等信息的 JSON 对象，其中，text 数组包含用户发出的请求，例如，翻译某个单词并给出例句。

（10）通过 socket.send 方法将 JSON 对象字符串化并发送给服务器端。

通用鉴权 URL 生成说明如图 2-24 所示。

生成通用鉴权的相关代码如下。

```
import CryptoJs from 'crypto-js'
//生成通用鉴权URL地址
function getWebSocketUrl(){
    return new Promise((resovle, reject) => {
        var url = "wss://spark-api.xf-yun.com/v1.1/chat";
        var host = "spark-api.xf-yun.com";
        var date = new Date().toGMTString();
        var signatureOrigin = `host: ${host}\ndate: ${date}\nGET /v1.1/chat HTTP/1.1`;
        var signatureSha = CryptoJs.HmacSHA256(signatureOrigin, word.API_SECRET);
        var signature = CryptoJs.enc.Base64.stringify(signatureSha);
        var authorizationOrigin = `api_key="${word.API_KEY}", algorithm="hmac-sha256", headers="host date request-line", signature="${signature}"`;
```

图 2-24　通用鉴权 URL 生成说明

```
        var authorization = btoa(authorizationOrigin);
        //将空格编码
url = `${url}?authorization=${authorization}&date=${encodeURI(date)}&host=${host}`;
        resovle(url)
    })
}
//单词查询
const wordInput = document.querySelector("#wordInput");
const wordQueryBtn = document.querySelector("#word-query-btn");    //获取查询按钮
//用于存储与单词查询相关的信息,如 APPID、API_SECRET、API_KEY 以及 total_res
const wordResult = document.querySelector("#wordOutput");           //获取结果显示区域
const word = {
    APPID: 'c35e0858',
    API_SECRET: 'MDEwZDg3ZGJmYTcxMTI0NjA4MjQ3ODhm',
    API_KEY: 'b5560755d7a5e1a676f66dca4654f92c',
    total_res: ''
}
//单击查询按钮
wordQueryBtn.addEventListener('click', (e) => {
    wordQuery()
})
//输入信息后按 Enter 键发送
wordInput.addEventListener('keydown', function (event) {
    if (event.key === 'Enter') { wordQuery(); }
});
//定义函数功能:将信息添加到 wordResult 文本区域中
function addMsgToTextarea(message){
    wordResult.innerHTML = message;
}
//发送消息
async function wordQuery(){
//获取请求地址
```

```javascript
    return getWebSocketUrl().then(myUrl => {
//监听 WebSocket 的各阶段事件并做相应处理
let socket = new WebSocket(myUrl);
socket.onopen = e => {              //建立连接,构建请求参数及消息的发送
    WebSocketSend()
}
socket.onmessage = e => {           //接收消息
    result(e.data)
}
socket.onerror = e => {             //报错
    console.log('WebSocket 报错');
}
socket.onclose = e => {             //关闭连接
    console.log('WebSocket 连接关闭');
    //对话完成后 WebSocket 连接关闭,将信息添加到 textare 中
    addMsgToTextarea(word.total_res);
    //清空输入框
    wordInput.value = '';
}
//发送数据
function WebSocketSend(){
    console.log('WebSocket 连接开启');
    //发送消息
    var params = {
        "header": {
            "app_id": word.APPID,
            "uid": "xiuxiu"
        },
        "parameter": {
            "chat": {
                "domain": "general",
                "temperature": 0.5,
                "max_tokens": 1024,
            }
        },
        "payload": {
            "message": {
                "text": [
                    { "role": "user", "content": "请翻译" + wordInput.value + "并给出例句" },
                ]
            }
        }
    };
    console.log("发送消息");
    socket.send(JSON.stringify(params))
}
//接收数据的处理
function result(resultData){        //result 函数用于处理在 WebSocket 中接收到的数据
    let data = JSON.parse(resultData)
    word.total_res += data.payload.choices.text[0].content
    //提问失败
    if (data.header.code !== 0) {
        alert(`出错了: ${data.header.code}: ${data.header.message}`)
```

```
                console.error(`${data.header.code}: ${data.header.message}`)
                return
            }
            //对话已经完成
            if (data.header.code === 0 && data.header.status === 2) {
                word.total_res += data.payload.choices.text[0].content;
                socket.close()
            }
        addMsgToTextarea(word.total_res);
        }
    })
}
```

语法纠错和口语练习部分与单词查询类似,但是针对不同的输入也有不同的输入框、按钮、结果显示区域等元素。每个功能调用 getWebSocketURL 函数获取 WebSocket 连接地址。

使用 WebSocket 进行通信,监听不同阶段的事件。代码用于实现与后端进行单词查询的前端交互逻辑。当用户按 Enter 键时,会通过 WebSocket 与后端进行通信,并将查询结果显示在相应的区域。相关代码如下。

```
//语法纠错
const grammarInput = document.querySelector("#grammarInput");
const grammarquerybtn = document.querySelector("#grammar-query-btn");
const grammarResult = document.querySelector("#grammarOutput");
const grammar = {
    APPID: 'c35e0858',
    API_SECRET: 'MDEwZDg3ZGJmYTcxMTI0NjA4MjQ3ODhm',
    API_KEY: 'b5560755d7a5e1a676f66dca4654f92c',
    total_res: ''
}
//单击纠错按钮
grammarquerybtn.addEventListener('click',(e) =>{
    grammarQuery()
})
grammarInput.addEventListener('keydown', function (event){
    if (event.key === 'Enter'){grammarQuery();}
});
//定义函数功能,将信息添加到 wordResult 文本区域中
function addMsgToTextarea1(message){
    grammarResult.innerHTML = message;
}
//发送消息
async function grammarQuery(){
    //获取请求地址
    return getWebsocketUrl().then(myUrl1 =>{
    //监听 WebSocket 的各阶段事件并做相应处理
    let socket1 = new WebSocket(myUrl1);
    socket1.onopen = e => {
        webSocketSend1()
    }
    socket1.onmessage = e =>{
        result1(e.data)
```

```javascript
        }
        socket1.onerror = e =>{
            console.log('WebSocket 报错');
        }
        socket1.onclose = e =>{
            console.log('WebSocket 连接关闭');
            //对话完成后 WebSocket 连接关闭,将信息添加到 textare 中
            addMsgToTextarea(grammar.total_res);
            //清空输入框
            grammarInput.value = '';
        }
    //发送数据
    function webSocketSend1(){
        console.log('WebSocket 连接开启');
        //发送消息
        var params1 = {
            "header": {
                "app_id": grammar.APPID,
                "uid": "xiuxiu"
            },
            "parameter": {
                "chat": {
                    "domain": "general",
                    "temperature": 0.5,
                    "max_tokens": 1024,
                }
            },
            "payload": {
                "message": {
                    "text": [
                        { "role": "user", "content": "请对下列句子进行语法纠错:" + grammarInput.value },
                    ]
                }
            }
        };
        console.log("发送消息");
        socket1.send(JSON.stringify(params1))
    }
    //接收数据的处理
    function result1(resultData){
        let data1 = JSON.parse(resultData)
        grammar.total_res += data1.payload.choices.text[0].content
        //提问失败
        if (data1.header.code !== 0) {
            alert(`出错了: ${data1.header.code}: ${data1.header.message}`)
            console.error(`${data1.header.code}: ${data1.header.message}`)
            return
        }
        //对话已经完成
        if (data1.header.code === 0 && data1.header.status === 2) {
            grammar.total_res += data1.payload.choices.text[0].content;
            socket1.close()
        }
```

```javascript
            addMsgToTextarea1(grammar.total_res);
        }
    })
}
//口语发音
const speakingInput = document.querySelector("#speakingInput");
const speakingquerybtn = document.querySelector("#speaking-query-btn");
const speakingResult = document.querySelector("#speakingOutput");
const speaking = {
    APPID: 'c35e0858',
    API_SECRET: 'MDEwZDg3ZGJmYTcxMTI0NjA4MjQ3ODhm',
    API_KEY: 'b5560755d7a5e1a676f66dca4654f92c',
    total_res: ''
}
//单击发音按钮
speakingquerybtn.addEventListener('click', (e) =>{
    speakingQuery()
})
speakingInput.addEventListener('keydown', function (event){
    if (event.key === 'Enter') {speakingQuery();}
});
//定义函数功能:将信息添加到wordResult文本区域中
function addMsgToTextarea2(message) {
    speakingResult.innerHTML = message;
}
//发送消息
async function speakingQuery(){
    //获取请求地址
    return getWebsocketUrl().then(myUrl2 =>{
    //监听WebSocket的各阶段事件并做相应处理
    let socket2 = new WebSocket(myUrl2);
    socket2.onopen = e => {
        webSocketSend2()
    }
    socket2.onmessage = e =>{
        result2(e.data)
    }
    socket2.onerror = e => {
        console.log('WebSocket报错');
    }
    socket2.onclose = e =>{
        console.log('WebSocket连接关闭');
        //对话完成后WebSocket连接关闭,将信息添加到textare中
        addMsgToTextarea(speaking.total_res);
        //清空输入框
        speakingInput.value = '';
    }
    //发送数据
    function webSocketSend2(){
        console.log('WebSocket连接开启');
        //发送消息
        var params2 = {
            "header":{
                "app_id": speaking.APPID,
```

```
            "uid": "xiuxiu"
        },
        "parameter":{
            "chat": {
                "domain": "general",
                "temperature": 0.5,
                "max_tokens": 1024,
            }
        },
        "payload": {
            "message": {
                "text": [
                    {"role": "user", "content": "请给出发音:" + speakingInput.value},
                ]
            }
        }
    };
    console.log("发送消息");
    socket2.send(JSON.stringify(params2))
}
//接收数据的处理
function result2(resultData){
    let data2 = JSON.parse(resultData)
    speaking.total_res += data2.payload.choices.text[0].content
    //提问失败
    if (data2.header.code !== 0){
        alert(`出错了: ${data2.header.code}: ${data2.header.message}`)
        console.error(`${data2.header.code}: ${data2.header.message}`)
        return
    }
    //对话已经完成
    if (data2.header.code === 0 && data2.header.status === 2){
        speaking.total_res += data2.payload.choices.text[0].content;
        socket2.close()
    }
    addMsgToTextarea2(speaking.total_res);
    }
    })
}
```

2.4 功能测试

本部分包括运行项目、发送问题及响应。

2.4.1 运行项目

(1) 进入项目文件夹:demo。

(2) 运行项目程序:pnpm run dev。

(3) 单击终端中显示的网址 URL,进入 VITE。

VITE v4.5.1 ready in 176 ms.

(4) 终端启动结果如图 2-25 所示,聊天窗口如图 2-26 所示。

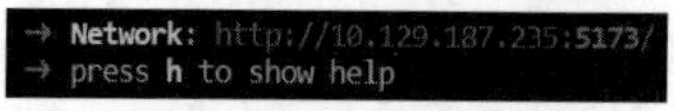

→ Network: http://10.129.187.235:5173/
→ press h to show help

图 2-25　终端启动结果

Fluently
Speak fluently with us!
单词查询
语法纠错
口语练习

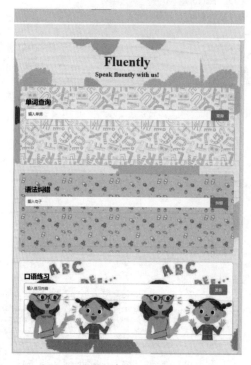

图 2-26　聊天窗口

2.4.2　发送问题及响应

在单词查询中输入 Fluently,如图 2-27 所示;单击“查询”按钮后,答案显示在文本框内,如图 2-28 所示。

单词查询
Fluently
查询

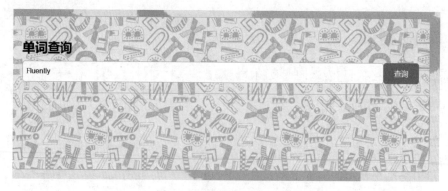

图 2-27　查询单词 Fluently

图 2-28　查询答案

对"How is you"进行语法纠错，如图 2-29 所示；单击"纠错"按钮后，答案显示在文本框内，如图 2-30 所示。

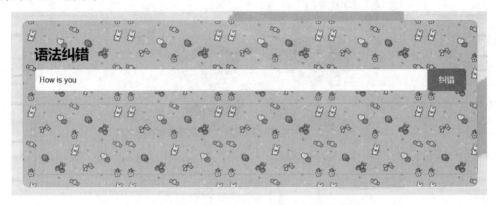

图 2-29　对"How is you"进行语法纠错

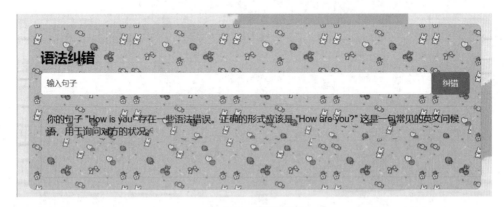

图 2-30　纠错答案

查询单词 submission 的发音，如图 2-31 所示。单击"发音"按钮后，答案显示在文本框内，如图 2-32 所示。

图 2-31　查询单词 submission 的发音

图 2-32　发音答案

项目 3　生成戏文

本项目基于 HTML 结构内容，使用 CSS 进行样式设计、应用 JavaScript 建立执行逻辑，依靠百度智能云千帆大模型调用开放的 API，实现生成戏文的功能。

3.1　总体设计

本部分包括整体框架和系统流程。

3.1.1　整体框架

整体框架如图 3-1 所示。

项目 3
教学资源

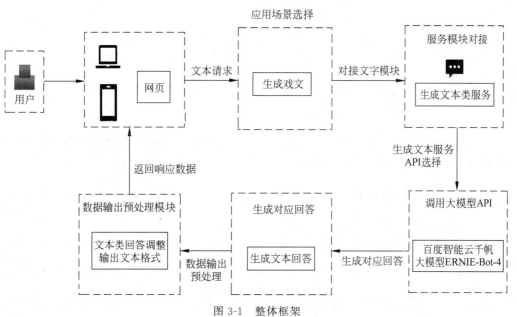

图 3-1　整体框架

3.1.2 系统流程

系统流程如图3-2所示。

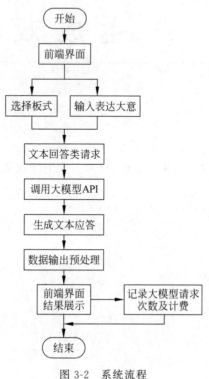

图 3-2　系统流程

3.2 开发环境

本节主要介绍 VS Code、Node.js 和 Live Server 插件的安装过程，给出所需要的依赖环境配置，并介绍大模型 API 的申请步骤。

3.2.1 安装 VS Code

安装 VS Code 参见 2.2.1 节。

除此以外，项目开发还需要安装 Live Server 插件，步骤如下：①运行 VS Code，单击"扩展"(■)按钮，如图 3-3 所示；②在搜索栏中输入 Live Server 进行安装，如图 3-4 所示。

3.2.2 安装 Node.js

安装 Node.js 参见 2.2.2 节。

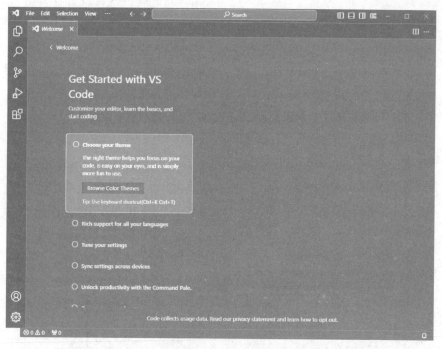

图 3-3 运行 VS Code

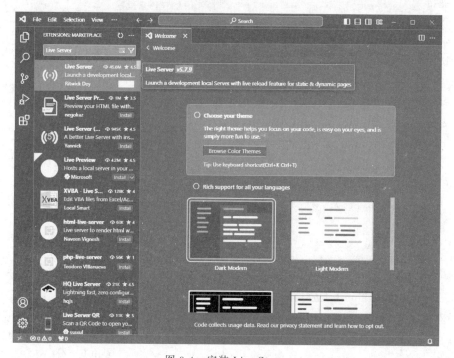

图 3-4 安装 Live Server

3.2.3 环境配置

项目框架包括 LayUI、BootStrap 和 jQuery，均安装在本地 ./asset/lib 目录下。

（1）LayUI 遵循原生 HTML/CSS/JS 的书写与组织形式，属于轻量级框架，简单美观。它适用于开发后端模式，在服务器端界面上有非常好的效果。

（2）LayUI 可以在官网首页或更新日志界面下载，如图 3-5 所示。

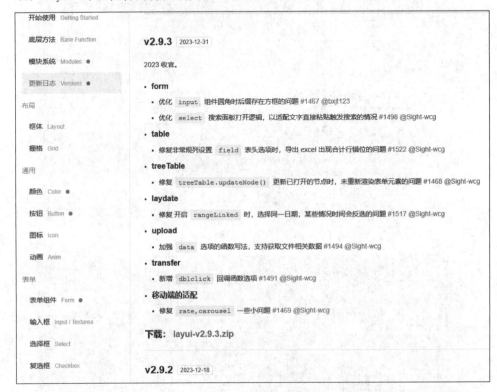

图 3-5　下载 LayUI

（3）LayUI 还可以在命令提示符（command，cmd）终端中通过 npm 指令下载或者使用第三方内容分发网络（Content Delivery Network，CDN）方式引入，详情如下。

```
<!-- 引入 layui.css -->
<link href="//unpkg.com/layui@2.9.3/dist/css/layui.css" rel="stylesheet">
<!-- 引入 layui.js -->
<script src="//unpkg.com/layui@2.9.3/dist/layui.js"></script>
```

BootStrap 是由 Twitter 公司开发的前端框架，用于快速开发 Web 应用程序和网站。它使用的是基于 HTML、CSS 和 JavaScript 提供一系列组件，包括表单、按钮、导航等。同时，BootStrap 还有一套基于栅格系统的响应式设计，可以在不同设备上呈现出最佳效果。

jQuery 是一个库，包括 HTML 元素的选取、事件处理和 Ajax 操作。使用 jQuery 可以更容易编写可维护的 JavaScript 代码，同时提高跨浏览器的兼容性。

3.2.4 大模型 API 申请

百度智能云千帆大模型 API 申请参见 1.2.4 节。

3.3 系统实现

本项目使用 VS Code 开发环境搭建 Web 项目，文件结构如图 3-6 所示。

图 3-6 文件结构

3.3.1 头部< head >

定义文档字符和设置网页样式的相关代码如下。

```
<!DOCTYPE html>
<html>
<head>
    <link rel="icon" href="/assets/images/图标.ico"><!-- 指定网站图标的链接,通常显示在浏览器标签页左侧,/assets/images/图标.ico 是文件的路径 -->
        <title><!-- 京剧传承人-创作 </title><!-- 设置网页的标题并显示在浏览器标签页上 -->
        <link href="./assets/css/opera_write.css" rel="stylesheet" type="text/css">
<!-- 引入外部文件,设置样式和布局,路径为./assets/css/opera_write.css -->
        <script src="./assets/lib/template-Web.js"></script>
<!-- 引入 template-Web.js 文件,该文件是一个模板引擎库,用于渲染客户端 -->
        <script src="./assets/lib/jquery.js"></script><!-- 引入 jquery 库 -->
        <link rel="stylesheet" href="/assets/lib/layui/css/layui.css">
<!-- 引入 layui 框架的样式文件 -->
</head>
```

3.3.2 样式< style >

定义网页样式的具体描述及相关代码见"代码文件 3-1"。

3.3.3 主体\<body>

设置网页主体的相关代码如下。

```html
<center>
    <div class="box"><!-- 包含左右两个子盒子和其他元素的容器 -->
        <div class="left"></div><!-- 样式定义在 CSS 中,位于左侧两个具有不同背景图像的盒子 -->
        <div class="right"></div><!-- 位于右侧的盒子 -->
        <!--<img src="../assets/images/同光.png"alt=""class="front_img"/>-->
        <div class="front_img"><!-- 包含一个 iframe 元素,用于显示京剧介绍,iframe 的 src 属性指向 introduce.html 文件 -->
            <iframe name="fm" src="./introduce.html" frameborder="0" style="width:100%;height:100%;"></iframe>
        </div>
        <div class="content"><!-- 主要内容区域包含网页的标题、键盘控制区域、输入表单和生成按钮 -->
            <h1 style="text-align:center;font-size:40px;">戏文生成系统</h1>
            <div class="keyboard"><!-- 包含描述锣鼓点键盘的文本,一个用于播放音频的 div(<div id="Audio"></div>),另一个用于显示键盘(<div id="Keyboard"></div>) -->
                <p>锣鼓点键盘:</p>
                <div id="Audio"></div>
                <div id="Keyboard"></div>
            </div>
            <div class="top"><!-- 包含输入问题、选择框的区域及用于生成文本的按钮 -->
                <div style="display:flex;"><!-- 使用 Flex 布局,将子元素横向排列 -->
                    <div class="problem">我想生成一段京剧</div>
                    <div class="select" style="margin-right:20px;">
                        <select name="" id="select">
                            <option value="">下拉选择</option>
                            <option value="慢板">慢板</option>
                            <option value="原版">原版</option>
                            <option value="流水">流水</option>
                            <option value="快板">快板</option>
                        </select>
                    </div>
                    <div class="message">
                        表达大意为:
                        <input type="text" id="content"/>
                    </div>
                </div>
                <div class="btn">
                    <button class="btn" onclick="requestMessage()">生成</button><!-- 单击时调用名为 requestMessage 的 JavaScript 函数 -->
                </div>
            </div>
            <div style="border:1px solid #aaa;padding:10px;font-size:25px;" id="resultContent">
<!-- 用于显示生成文本结果的区域,边框、内边距和字体大小的样式,初始文本在这里产生 -->
                回答将在这里产生...
            </div>
        </div>
    </div>
</center>
```

3.3.4 主体< body >脚本

处理 RequestMessage 的步骤如下：①获取用户在网页中输入的值，包括一个文本输入框的值和一个下拉选择框的值；②构建一个包含用户问题的数据对象，将问题的开头、选择框的值和输入框的值组合在一起。如果用户输入的值为空，函数会立即返回，以确保不会发送空的请求；③创建一个新的 div 元素，用于显示加载中的提示信息，并将这个元素添加到界面的特定区域（ID 为 ResultContent 的元素）；④函数调用名为 Request 的其他函数，将用户问题的数据对象转换为 JSON 字符串，并通过某种方式将该请求发送到后端进行处理。相关代码如下。

```
function RequestMessage() {
    var content = document.getElementById('content').value;
    var select = document.getElementById('select').value;
    var problem = "我想生成一段京剧";
    if (!content) return;
    var loadingDiv = document.createElement('div');
    loadingDiv.innerText = '加载中...';
    document.getElementById('resultContent').innerHTML = '';
    document.getElementById('resultContent').appendChild(loadingDiv);
    var data = {
        messages: [
            {
                role: "user",
                content: problem + select + "表达大意为" + content,
            },
        ],
    };
    request(JSON.stringify(data));
}
```

定义一个名为 Request 的函数，用于向百度 AI 开放平台发送请求。步骤如下：①得到访问命令 access_token；②构建请求 URL，其中包含 API 的地址、版本号、自定义的 AI 工作室、聊天补全资源及访问命令；③通过 Axios 库发送 HTTP 请求，使用 POST 方法将用户的问题数据发送到服务器端。发送成功时，在响应中提取聊天结果，并替换其中换行符为 HTML 的标签；④将处理后的结果插入 HTML 界面的指定元素中。在请求失败时，会输出错误信息到控制台。相关代码如下。

```
function request(data) {
    var access_token = "24.b2323fce8b9a9c9c2e1a86826d0a0765.2592000.1706840780.282335-42303922";
    var url = `https://aip.baidubce.com/rpc/2.0/ai_custom/v1/wenxinworkshop/chat/completions?access_token=${access_token}`;
    axios({
        url,
        data,
        method: "post",
        headers: {
            "Content-Type": "application/json",
```

```
        },
    }).then(function(response) {
        var resultContent = response.data.result.replace(/\n/g, "<br>");
        document.getElementById('resultContent').innerHTML = resultContent;
    }).catch(function(error) {
        console.error('Error:', error);
    });
}
```

API 在线调试平台如图 3-7 所示。

图 3-7　API 在线调试平台

3.3.5　其他界面设计

主界面设计成一个包含链接和图像的网页,用户可以通过单击链接跳转到新的界面。网页布局分为左侧和右侧两部分。主要内容如下。①左侧有顶部、中部和底部 3 个区域。顶部区域有 1 个链接,打开此链接后可以看到图像、标题和文本;中部区域还可以细分为两个区域,1 个是创作的相关链接,1 个是分类的相关链接;底部区域包括多个图像;②右侧有多个区域,每个区域都有 1 个图像。相关代码如下。

```
function AddAudio() {
    var lenkb = drumconfig.Keyboard.length
    var audiostr = ""
    for (var i = 0; i < lenkb; i++) {
        var filename = drumconfig.Filename[i]
        /*编写鼓音频的 HTML 文档*/
        var audiopart = "<audio id=\"" + filename + "\">";
        audiopart += "<source src=\"" + "./assets/" + "drum/" + filename + "\""
        audiopart += " type=\"audio/wav\"/></audio>"
        audiostr += audiopart
    }
    document.getElementById("Audio").innerHTML = audiostr
}
```

通过循环遍历 drumconfig.Keyboard 中定义的键盘配置,为每个键盘按钮创建对应的 Audio 元素,该元素包含对应音频文件的路径.

```javascript
function InitializeKeyboard() {
    var KBPosition = GUIconfig.Keyboards.KBPosition
    var Scale = GUIconfig.Keyboards.Scale
    var kbstr = ""
    var kbabspos = document.getElementById("Keyboard").getBoundingClientRect()
    var kbapleft = kbabspos.left
    var kbaptop = kbabspos.top
    for (key in KBPosition) {
        var relp = KBPosition[key]
        var x = relp[0] * Scale + 20 + kbapleft;
        var y = relp[1] * Scale + 10 + kbaptop;
        var kbid = "Keyboard-" + key
        var engid = "Eng-" + key
        var chnid = "Chn-" + key
        var charidx = drumconfig.EnglishName.indexOf(key)
        var Chnchar = ""
        var keyclass = "SilentKeyboard"
        var Engclass = "EnglishCharacterNoChinese"
        if (charidx != -1) {
            Chnchar = drumconfig.ChineseName[charidx]
            Engclass = "EnglishCharacter"
        }
        /*键盘元素*/
        kbpart = "<div class=\"" + keyclass + "\" id=\"" + kbid
        kbpart += "\"style=\"position:absolute;left:" + x + "px;top:" + y + "px\" "
        kbpart += "onmousedown=\"ResponseMouseDown()\" onmouseup=\"ResponseMouseUp()\">"
        /*英语字符元素*/
        kbpart += "<span id=\"" + engid + "\" class=\"" + Engclass + "\">" + key + "</span>"
        /*汉语字符*/
        kbpart += "<span id=\"" + chnid + "\" class=\"ChineseCharacter\">" + Chnchar + "</span>"
        kbpart += "</div>\n"
        /*存放到 document 中*/
        kbstr += kbpart
    }
    document.getElementById("Keyboard").innerHTML = kbstr
}
```

初始化键盘根据图形用户界面(Graphical User Interface,GUI)的 config.Keyboards 中定义的键盘位置、缩放比例等信息,来创建每个键盘按钮的 HTML 元素,并放置在界面上,如图 3-8 所示。

图 3-8 锣鼓点键盘

```
        < img src = "./assets/images/同光.png" alt = "同光" class = "front_img"/>
        < div class = "index_body_content">
            < div class = "index_side_box">
            < div class = "super_width_box">
    <!-- ul 界面 -->
                < ul class = "ul_one">
    <!—ul 中有很多个文章,每个文章以 li 分开-->
                </ul>
            </div>
        </div>
    </div>
< script >
 $ (document).ready(function () {
    var ulWidth = $(".ul_one").width();
    var animationDuration = 30000;
    function scrollText() {
        $(".ul_one").animate({ "margin - left": - ulWidth }, animationDuration, "linear",
function () {
            $(this).css("margin - left", 0);
            scrollText();
        });
    }
    scrollText();
    $(".ul_one").hover(
        function () {
            $(this).stop();
        },
        function () {
            scrollText();
        }
    );
});
</script>
```

网页顶部京剧简介排布需要通过嵌入网页来实现,文字显示在图像之上向左滚动播放,如图 3-9 所示。

图 3-9 顶部京剧简介

其他界面相关代码见"代码文件 3-2"。

3.4 功能测试

本部分包括运行项目、发送问题及响应。

3.4.1 运行项目

项目使用 VS Code 编写 HTML、CSS 和 JavaScript 的代码,实现相关功能并优化前端,项目文件夹 Demo 单独出现在 VS Code 右侧,运行界面如图 3-10 所示。

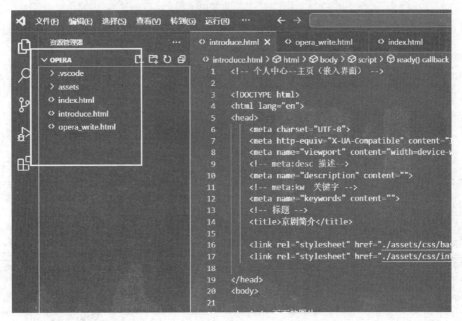

图 3-10 运行界面

在界面中,右击选择 Open with Live Server,如图 3-11 所示。

图 3-11 选择界面

依次打开 VS Code→OPERA→index 文件,右击选择 Open With Live Serve,主页效果如图 3-12 所示。

图 3-12　主页效果

单击创作进入主要功能界面,如图 3-13 所示。

图 3-13　主要功能界面

3.4.2 发送问题及响应

在"我想生成一段京剧"右侧对话框中输入"流水",表达大意为"我很开心",单击"生成"按钮后,收到的答案显示在文本框内,如图 3-14 所示。

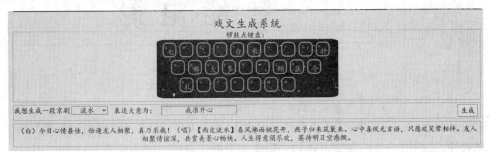

图 3-14 发送问题及响应

项目 4　智能电影

本项目基于 Python 语言，通过 PyQt5 软件包进行 GUI 设计，爬取数据，将其封装成电影信息软件，实现用户与讯飞星火认知大模型互动并使其进行电影推荐的功能。

4.1　总体设计

本部分包括整体框架和系统流程。

4.1.1　整体框架

整体框架如图 4-1 所示。

项目 4
教学资源

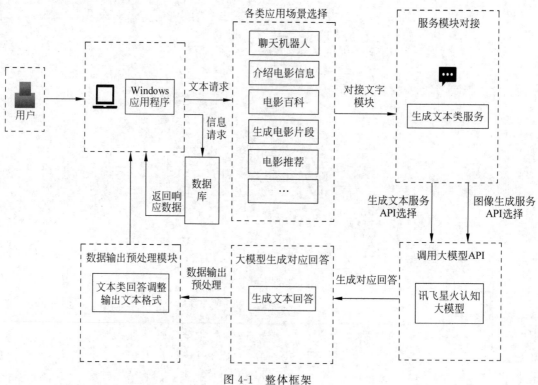

图 4-1　整体框架

4.1.2 系统流程

系统流程如图 4-2 所示。

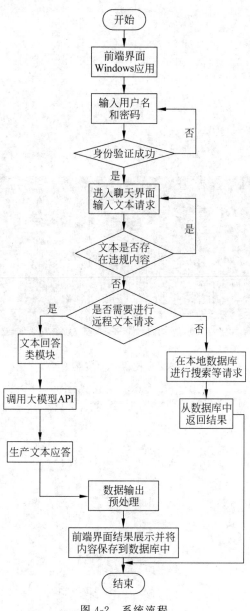

图 4-2 系统流程

4.2 开发环境

本节包括 PyCharm 和 Python 的安装过程,给出安装所需要的软件包,创建一个项目并介绍大模型 API 的申请步骤。

4.2.1 安装 PyCharm

安装 PyCharm 参见 1.2.1 节。

4.2.2 安装 Python

打开 Python 官网,如图 4-3 所示。

图 4-3 打开 Python 官网

选择一个 Python 版本,单击"立即下载"按钮,选择安装路径,如图 4-4 所示。
Python 完成安装如图 4-5 所示。
运行 Python 安装程序,单击 Download 界面如图 4-6 所示。
全部勾选后单击 Install Now 界面如图 4-7 所示。

图 4-4 选择安装路径

图 4-5 Python 完成安装

图 4-6 单击 Download 界面

单击 Win+R 快捷键,输入 cmd 和 Python 后按 Enter 键,查看安装状态,如果出现 Python 版本,说明安装成功,如图 4-8 所示。

图 4-7　单击 Install Now 界面

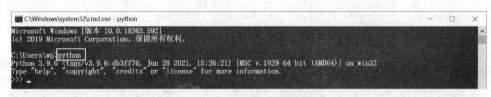

图 4-8　安装成功

4.2.3　软件包

所需依赖软件包在 requirements.txt 文件内。

PyQt 是英国 Riverbank Computing 公司开发的一套封装 Qt 程序库的 Python GUI 库，由一系列 Python 模块组成。PyQt 提供一个设计好的窗口控件集合，每个 PyQt 控件对应一个 Qt 控件，GUI 使用 PyQt5 软件包进行开发，PyQt5 特性如下。

（1）能够跨平台运行在 Linux、Windows 和 macOS 系统上。

（2）使用信号槽机制进行通信。

（3）对 Qt 库进行完全封装。

（4）可以使用成熟的 IDE 进行界面设计，并自动生成可执行的 Python 代码。

（5）提供整套种类齐全的窗口控件。

项目所需的软件包如下（pip 全称 pip installs packages，是 Python 包管理工具）。

```
pandas~=2.1.4
numpy~=1.26.2
sklearn
pymysql~=1.1.0
PyQt5~=5.15.9
requests~=2.31.0
fake_useragent
lxml~=4.9.4
```

```
WebSocket~=0.2.1
WebSocket-client~=1.7.0
scikit-learn~=1.3.2
pip~=22.3.1
wheel~=0.38.4
pytz~=2023.3.post1
setuptools~=65.5.1
cffi~=1.16.0
scipy~=1.11.4
joblib~=1.3.2
python-dateutil~=2.8.2
certifi~=2023.11.17
threadpoolctl~=3.2.0
six~=1.16.0
idna~=3.6
urllib3~=2.1.0
zipp~=3.17.0
```

4.2.4 创建项目

新建项目文件夹,进入文件夹后单击"创建项目",如图4-9所示。

图4-9 创建项目

4.2.5 大模型API申请

讯飞星火认知大模型API申请参见2.2.6节。

4.3 系统实现

本项目使用PyCharm和PyQt5开发环境搭建Windows应用项目,文件结构如图4-10所示。

图 4-10 文件结构

4.3.1 主函数 Main

主函数 Main 的相关代码如下。

```python
# -*- coding: utf-8 -*-
import sys
from PyQt5.QtWidgets import QApplication
from login import Login
if __name__ == '__main__':
    app = QApplication(sys.argv)
    Login = Login()
    Login.show()
    sys.exit(app.exec_())
```

4.3.2 推荐算法

推荐算法的相关代码如下。

```python
# -*- coding: utf-8 -*-
"""
电子信息工程综合实验 2023.9 推荐算法
"""
import random
import numpy as np
import pandas as pd
from sklearn.metrics.pairwise import cosine_similarity  # 计算余弦相似度
# 用户信息
user_df = pd.read_csv('../Data/douban_users.csv')
user_df = user_df.iloc[:, [1, 2, 3]]
# 电影信息
movies_df = pd.read_csv('../Data/douban_movies.csv', encoding='utf-8')
movies_df = movies_df.iloc[:, [0, 1, 5, 6, 7, 8, 9, 12, 15, 16]]
movies_df = movies_df.drop_duplicates(subset='url')
movies_df = movies_df.rename(columns={'Unnamed: 0': 'Movie_ID'})
```

```python
#用户 ID 映射
usersMap = dict(enumerate(list(user_df['user_id'].unique())))  #电影 ID 与其对应索引的映射
#关系
usersMap = dict(zip(usersMap.values(), usersMap.keys()))       #键值互换
#电影 ID 映射
moviesMap_raw = dict(enumerate(list(movies_df['dataID'])))
#电影 ID 与其对应索引的映射关系
moviesMap = dict(zip(moviesMap_raw.values(),moviesMap_raw.keys()))   #键值互换
n_users = user_df.user_id.unique().shape[0]                   #用户总数
n_movies = movies_df.Movie_ID.unique().shape[0]               #电影总数
data_matrix = np.zeros((n_users, n_movies))                   #用户物品矩阵雏形
#构造用户物品矩阵
for line in user_df.itertuples():
    try:
        data_matrix[usersMap[str(line[1])], moviesMap[line[2]]] = line[3]
    except:
        pass
#电影余弦相似度矩阵
item_similarity = cosine_similarity(data_matrix.T) #转置之后计算电影的相似度
def rec_hot_movies():
    """
    @功能:获取热门推荐电影
    @参数:无
    @返回:热门推荐电影列表
    """
    hot_movies = []
    hot_movies_raw = movies_df[movies_df.date >= 2019]
    hot_movies_raw = hot_movies_raw[hot_movies_raw.rate >= 8.7]
    hot_movies_raw = hot_movies_raw.iloc[:, [1, 2, 3, 4, 5, 6, 7, 9]]
    for i in list(hot_movies_raw):
        temp = []
        for j in range(len(list(hot_movies_raw.name.unique()))):
            temp.append(hot_movies_raw['{}'.format(i)].values.tolist()[j])
        hot_movies.append(temp)
    hot_rec_movies = []                                        #存储热门推荐电影
    for k in range(len(hot_movies[0])):
        temp_rec_movies = []
        for l in range(len(hot_movies)):
            temp_rec_movies.append(hot_movies[l][k])
        hot_rec_movies.append(temp_rec_movies)
    return hot_rec_movies
def Recommend(movie_id, k):                    #movie_id:电影名关键词,k:最相似的 k 部电影
    """
    @功能:获得推荐电影列表
    @参数:电影 ID、每部电影选取最相似的数目
    @返回:推荐电影列表
    """
    movie_list = []                                            #存储结果
    try:
        #过滤电影数据集,搜索对应电影的 ID
        movieid = list(movies_df[movies_df['dataID'] == movie_id].Movie_ID)[0]
        #获取电影的余弦相似度数组
        movie_similarity = item_similarity[movieid]
        #返回前 k 个最高相似度的索引位置
```

```python
            movie_similarity_index = np.argsort(-movie_similarity)[
                1:k + 1]  #argsort函数是将数组元素从小到大排列,返回对应的索引数组
            for i in movie_similarity_index:
                rec_movies = []                                    #每部推荐的电影
                rec_movies.append(list(movies_df[movies_df.Movie_ID == i].name)[0])  #电影名
                rec_movies.append(list(movies_df[movies_df.Movie_ID == i].actors)[0])  #主演
                if pd.isna(list(movies_df[movies_df.Movie_ID == i].style2)[0]) and pd.isna
(list(movies_df[movies_df.Movie_ID == i].style3)[0]):
                    style = list(movies_df[movies_df.Movie_ID == i].style1)[0]
                elif pd.isna(list(movies_df[movies_df.Movie_ID == i].style3)[0]):
                    style = list(movies_df[movies_df.Movie_ID == i].style1)[0 ] + '' + \
                        list(movies_df[movies_df.Movie_ID == i].style2)[0]
                else:
                    style = list(movies_df[movies_df.Movie_ID == i].style1)[0] + '' + \
                        list(movies_df[movies_df.Movie_ID == i].style2)[0] + '' + \
                        list(movies_df[movies_df.Movie_ID == i].style3)[0]
                rec_movies.append(style)  #电影类型
                rec_movies.append(list(movies_df[movies_df.Movie_ID == i].rate)[0])  #电影
#评分
                rec_movies.append(list(movies_df[movies_df.Movie_ID == i].url)[0])  #电影
#链接
                movie_list.append(rec_movies)       #列表中的元素为列表,存储相关信息
    except:
        pass
    return movie_list
def find_user_like(user_id):
    user_seen_movies = user_df[user_df['user_id'] == '{}'.format(user_id)].movie_id
                                                 #用户看过电影的 ID
    userlike_movies = []                         #存储用户比较喜欢电影的 ID
    for i in list(user_seen_movies):
        if list(user_df[user_df['movie_id'] == i].rating)[0] >= 4:
            userlike_movies.append(
                list(user_df[user_df['movie_id'] == i].movie_id)[0])
#找出用户比较喜欢的电影 ID
    user_like_movies = []                        #存储用户喜欢的随机5部电影
    try:
        for i in range(5):
            user_like_movies.append(random.choice(userlike_movies))
        rec = []
        for each in user_like_movies:
            rec.extend(Recommend(each, 7))
    except:
        return None  return rec
```

4.3.3 调用大模型

调用大模型的相关代码如下。

```
import _thread as thread
import base64
import datetime
import hashlib
import hmac
```

```python
import json
from urllib.parse import urlparse
import ssl
from datetime import datetime
from time import mktime
from urllib.parse import urlencode
from wsgiref.handlers import format_date_time
import websocket  # 使用 websocket_client
answer = ""
class Ws_Param(object):
    # 初始化
    def __init__(self, APPID, APIKey, APISecret, Spark_url):
        self.APPID = APPID
        self.APIKey = APIKey
        self.APISecret = APISecret
        self.host = urlparse(Spark_url).netloc
        self.path = urlparse(Spark_url).path
        self.Spark_url = Spark_url
    # 生成 URL
    def create_url(self):
        # 生成 RFC1123 格式的时间戳
        now = datetime.now()
        date = format_date_time(mktime(now.timetuple()))
        # 拼接字符串
        signature_origin = "host: " + self.host + "\n"
        signature_origin += "date: " + date + "\n"
        signature_origin += "GET " + self.path + " HTTP/1.1"
        # hmac-sha256 进行加密
        signature_sha = hmac.new(self.APISecret.encode('utf-8'), signature_origin.encode('utf-8'),
                                 digestmod=hashlib.sha256).digest()
        signature_sha_base64 = base64.b64encode(signature_sha).decode(encoding='utf-8')
        authorization_origin = f'api_key="{self.APIKey}", algorithm="hmac-sha256", headers="host date request-line", signature="{signature_sha_base64}"'
        authorization = base64.b64encode(authorization_origin.encode('utf-8')).decode(encoding='utf-8')
        # 将请求的鉴权参数组合为字典
        v = {
            "authorization": authorization,
            "date": date,
            "host": self.host
        }
        # 拼接鉴权参数, 生成 URL
        url = self.Spark_url + '?' + urlencode(v)
        # 此处输出建立连接时的 URL, 参考本 demo 时可取消上方输出的注释, 比对相同参数时生成
        # 的 URL 与自己代码生成是否一致
        return url
# 收到 WebSocket 错误的处理
def on_error(ws, error):
    print("### error:", error)
# 收到 WebSocket 关闭的处理
def on_close(ws, one, two):
    print(" ")
# 收到 WebSocket 连接建立的处理
```

```python
def on_open(ws):
    thread.start_new_thread(run, (ws,))
def run(ws, *args):
    data = json.dumps(gen_params(appid=ws.appid, domain=ws.domain, question=ws.question))
    ws.send(data)
# 收到WebSocket消息的处理
def on_message(ws, message):
    # print(message)
    data = json.loads(message)
    code = data['header']['code']
    if code != 0:
        print(f'请求错误: {code}, {data}')
        ws.close()
    else:
        choices = data["payload"]["choices"]
        status = choices["status"]
        content = choices["text"][0]["content"]
        print(content, end = "")
        global answer
        answer += content
        # print(1)
        if status == 2:
            ws.close()
def gen_params(appid, domain, question):
    """
    通过APPID和用户的提问生成参数
    """
    data = {
        "header": {
            "app_id": appid,
            "uid": "1234"
        },
        "parameter": {
            "chat": {
                "domain": domain,
                "temperature": 0.5,
                "max_tokens": 2048
            }
        },
        "payload": {
            "message": {
                "text": question
            }
        }
    }
    return data
def main(appid, api_key, api_secret, Spark_url, domain, question):
    # print("星火:")
    wsParam = Ws_Param(appid, api_key, api_secret, Spark_url)
    websocket.enableTrace(False)
    wsUrl = wsParam.create_url()
    ws = websocket.WebSocketApp(wsUrl, on_message=on_message, on_error=on_error, on_close=on_close, on_open=on_open)
```

```python
ws.appid = appid
ws.question = question
ws.domain = domain
ws.run_forever(sslopt = {"cert_reqs": ssl.CERT_NONE})
```

4.3.4 主体及 GUI 界面

Main Window 用于构建整个聊天窗口及流程，spark_api 用于设置调用大模型的 API，在 API 申请成功后可填写对应的内容，用户可以在聊天界面向大模型发送文本请求，实现显示大模型返回结果的功能。相关代码如下。

```python
from PyQt5 import QtGui, QtCore
from PyQt5.QtWidgets import QApplication, QMainWindow, QTextBrowser
from PyQt5.QtGui import QFont, QFontMetrics
from PyQt5.QtCore import Qt
import sys
import SparkApi
from new_widget import Set_question
from untitled import Ui_MainWindow
#以下密钥信息在控制台中获取
appid = "5aac9f0b"       #填写控制台中获取的 APPID 信息
api_secret = "MDRlOTYzYmQ3OGI2OTk4NzYwNDQxMmRi"    #填写控制台中获取的 API Secret 信息
api_key = "62e0223ac68f1d7bbe89317d9b78e566"      #填写控制台中获取的 APIKey 信息
#用于配置大模型版本,默认 general/generalv2
domain = "general"        #v1.5 版本
domain = "generalv2"      #v2.0 版本
#云端环境的服务地址
Spark_url = "ws://spark-api.xf-yun.com/v1.1/chat"  #v1.5 环境的地址
#Spark_url = "ws://spark-api.xf-yun.com/v2.1/chat" #v2.0 环境的地址
text = []
question = []
#length = 0
def getText(role, content):
    jsoncon = {}
    jsoncon["role"] = role
    jsoncon["content"] = content
    text.append(jsoncon)
    return text
def getlength(text):
    length = 0
    for content in text:
        temp = content["content"]
        leng = len(temp)
        length += leng
    return length
def checklen(text):
    while (getlength(text)> 8000):
        del text[0]
    return text
def spark_api(question1):
    """
    :param question:
```

```python
            :return:
            """
            question = checklen(getText("user", question1))
            SparkApi.answer = ""
            SparkApi.main(appid, api_key, api_secret, Spark_url, domain, question)
            text.clear()
            return SparkApi.answer
class MainWindow(QMainWindow, Ui_MainWindow):
    def __init__(self, parent = None):
        super(MainWindow, self).__init__(parent)
        self.setupUi(self)
        self.sum = 0                                    #气泡数量
        self.widgetlist = []                            #记录气泡
        self.text = ""                                  #存储信息
        self.text1 = ""
        self.question = ""
        self.icon = QtGui.QPixmap("1.jpg")              #头像
        self.icon1 = QtGui.QPixmap("2.png")
        #设置聊天窗口样式和隐藏滚动条
        self.scrollArea.setHorizontalScrollBarPolicy(Qt.ScrollBarAlwaysOff)
        self.scrollArea.setVerticalScrollBarPolicy(Qt.ScrollBarAsNeeded)
        #信号与槽
        self.pushButton.clicked.connect(self.create_widget)     #创建气泡
        self.pushButton.clicked.connect(self.set_widget)        #修改气泡长宽
        self.plainTextEdit.undoAvailable.connect(self.Event)    #监听输入框状态
        self.pushButton.clicked.connect(self.create_widget1)    #创建气泡
        self.pushButton.clicked.connect(self.set_widget)        #修改气泡长宽
        self.plainTextEdit.undoAvailable.connect(self.Event)    #监听输入框状态
        scrollbar = self.scrollArea.verticalScrollBar()
        scrollbar.rangeChanged.connect(self.adjustScrollToMaxValue)
#监听窗口滚动条范围
#回车绑定发送
    def Event(self):
        if not self.plainTextEdit.isEnabled():
            self.plainTextEdit.setEnabled(True)
            self.pushButton.click()
            self.plainTextEdit.setFocus()
#创建气泡
    def create_widget(self):
        self.text = self.plainTextEdit.toPlainText()
        self.plainTextEdit.setPlainText("")
        self.question = self.text
        self.sum += 1
        Set_question.set_return(self, self.icon, self.text, QtCore.Qt.RightToLeft)
        QApplication.processEvents()                            #等待并处理主循环事件队列
    def create_widget1(self):
        self.text1 = spark_api(self.question)
        self.plainTextEdit.setPlainText("")
        self.sum += 1
        Set_question.set_return(self, self.icon1, self.text1, QtCore.Qt.LeftToRight)
        QApplication.processEvents()                            #等待并处理主循环事件队列
        #可以通过下面代码中的数组单独控制每条的气泡
        #self.widgetlist.append(self.widget)
        #print(self.widgetlist)
```

```
            #for i in range(self.sum):
                #f = self.widgetlist[i].findChild(QTextBrowser)
#气泡内 QTextBrowser 对象
                #print("第{0}条气泡".format(i),f.toPlainText())
    #修改气泡长宽
    def set_widget(self):
        font = QFont()
        font.setPointSize(16)
        fm = QFontMetrics(font)
        text_width = fm.width(self.text) + 115       #根据字体大小生成适合的气泡宽度
        if self.sum != 0:
            if text_width > 632:                      #宽度上限
                text_width = int(self.textBrowser.document().size().width()) + 100
                                                       #固定宽度
            self.widget.setMinimumSize(text_width, int(self.textBrowser.document().
size().height()) + 40)                                 #规定气泡大小
            self.widget.setMaximumSize(text_width, int(self.textBrowser.document().
size().height()) + 40)                                 #规定气泡大小
            self.scrollArea.verticalScrollBar().setValue(10)
    #窗口滚动到最底部
    def adjustScrollToMaxValue(self):
        scrollbar = self.scrollArea.verticalScrollBar()
        scrollbar.setValue(scrollbar.maximum())
if __name__ == "__main__":
    app = QApplication(sys.argv)
    win = MainWindow()
    win.show()
    sys.exit(app.exec_())
```

4.4 功能测试

本部分主要包括运行项目、发送问题及响应的内容。

4.4.1 运行项目

(1) 进入项目文件夹,运行 main 函数。

(2) 启动项目的初始登录界面,如图 4-11 所示;登录后主界面启动结果如图 4-12 所示;聊天窗口界面如图 4-13 所示。

图 4-11 初始登录界面

图 4-12　主界面启动结果

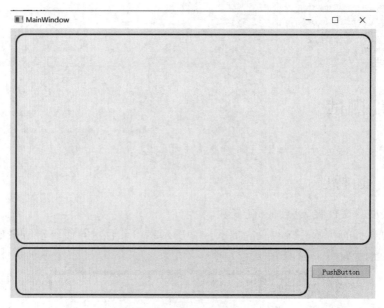

图 4-13　聊天窗口界面

4.4.2　发送问题及响应

向讯飞星火认知大模型提问:"请推荐几部精彩的科幻电影"。单击 PushButton 按钮后,收到的答案显示在文本框内,发送问题及响应过程如图 4-14 所示。

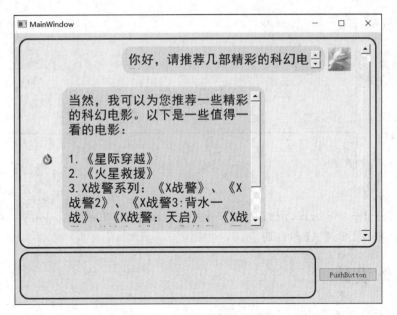

图 4-14 发送问题及响应过程

项目 5 图 像 处 理

本项目基于 Python 语言，借助 PyQt5 开发图形，调用 Stable-Diffusion-XL 模型进行智能图像处理的操作，实现 AI 作画功能。

5.1 总体设计

本部分包括整体框架和系统流程。

5.1.1 整体框架

项目 5
教学资源

整体框架如图 5-1 所示。

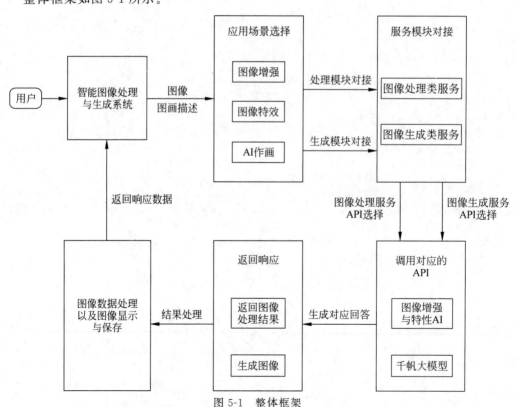

图 5-1 整体框架

5.1.2 系统流程

系统流程如图 5-2 所示。

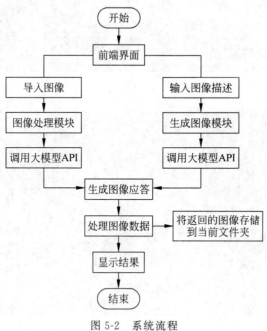

图 5-2 系统流程

5.2 开发环境

本节主要介绍 PyQt5 的安装过程，给出所需要的环境配置并介绍大模型 API 的申请步骤。

5.2.1 安装 PyQt5

在命令行中输入"pip install PyQt5"语句，使用 pip 命令在线安装 PyQt5，如图 5-3 所示。

在命令行中输入"pip install PyQt5-tools"语句，安装 PyQt5 的常用工具，如图 5-4 所示。

在命令行中输入"pip list"语句，检查是否已有 PyQt5，若存在于列表中则证明安装成功，如图 5-5 所示。

5.2.2 环境配置

在 PyCharm 中，依次单击 File→Settings→Tools→External Tools→Add，实现添加外部工具，如图 5-6 所示。

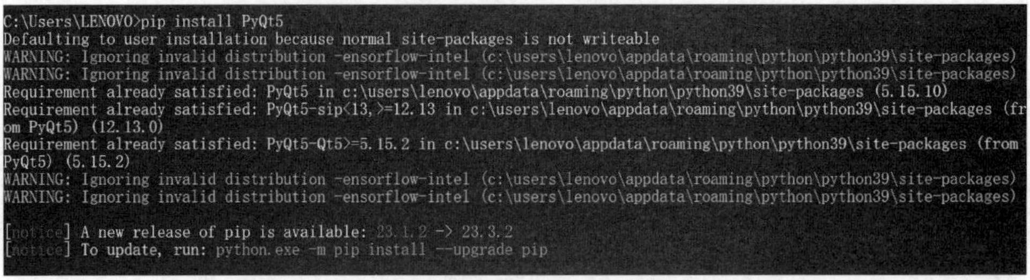

图 5-3 安装 PyQt5

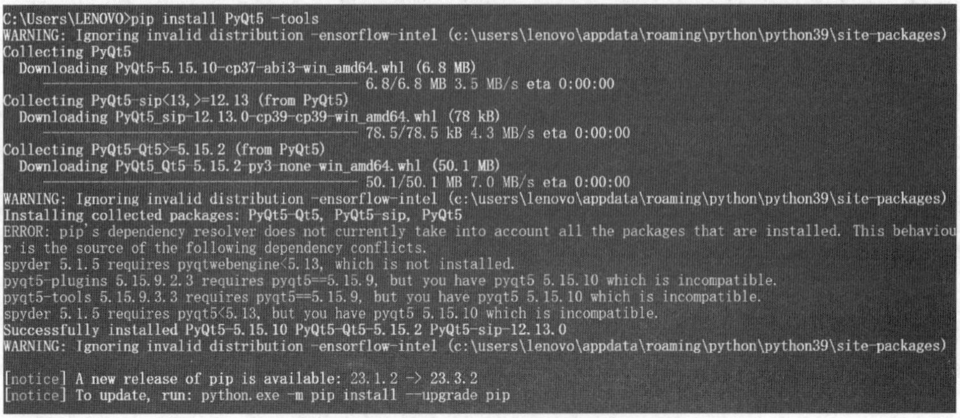

图 5-4 安装 PyQt5 常用工具

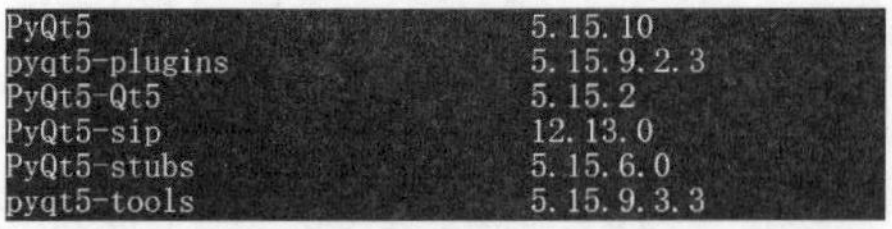

图 5-5 检查 PyQt5 安装

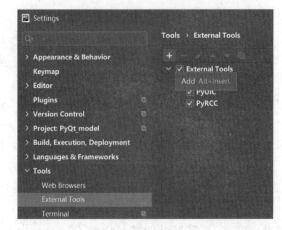

图 5-6 添加外部工具

根据安装资源在磁盘中的具体位置，分别完成对 Qt Designer、PyUIC 和 PyRCC 外部工具的配置，如图 5-7～图 5-9 所示。

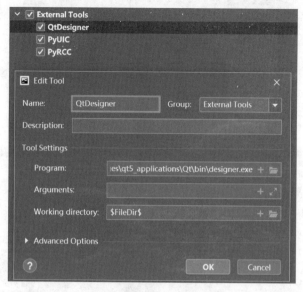

图 5-7　配置 Qt Designer

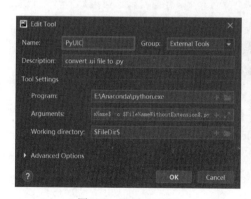

图 5-8　配置 PyUIC

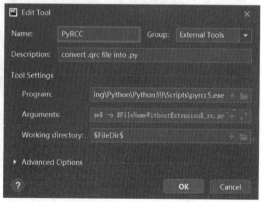

图 5-9　配置 PyRCC

依次单击 Tools→External Tools→Qt Designer，打开 PyQt5 界面，如图 5-10 所示；PyQt5 设计界面如图 5-11 所示。

5.2.3　大模型 API 申请

百度智能云千帆大模型 API 申请参见 1.2.4 节。

应用创建成功后，默认开通所有 API 的调用权限，无须申请授权。然后根据 APIKey 和 SecretKey，使用 Python 方法获取 access_token，相关代码如下。

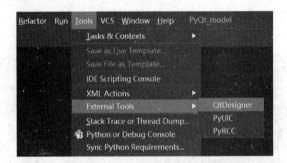

图 5-10　打开 PyQt5 界面

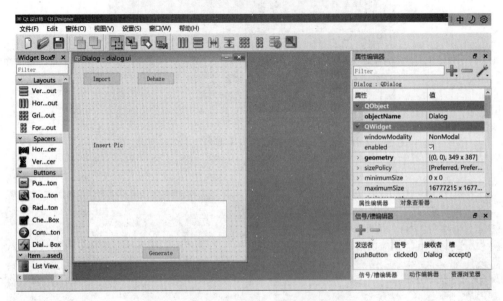

图 5-11　PyQt5 设计界面

```
import requests
import json
def main():
    url = "https://aip.baidubce.com/oauth/2.0/token?client_id=【ApIKey】&client_secret=【SecretKey】&grant_type=client_credentials"
    payload = json.dumps("")
    headers = {
        'Content-Type': 'application/json',
        'Accept': 'application/json'
    }
    response = requests.request("POST", url, headers=headers, data=payload)
    return response.json().get("access_token")
if __name__ == '__main__':
    access_token = main()
print(access_token)
```

预期功能根据用户输入的文本生成图像，所以需要调用 Stable-Diffusion-X 大模型 API，相关代码如下。

```python
import requests
import json
API_KEY = "xOGOpviGV6M878f9ITBVz5dH"
SECRET_KEY = "ZhrsqslDZEj6NiSBQ1BTLRAYHGpf9rT3"
def main():
    url = "https://aip.baidubce.com/rpc/2.0/ai_custom/v1/wenxinworkshop/text2image/sd_xl?access_token=" + get_access_token()
    payload = json.dumps({
        "size": "1024x1024",
        "n": 1,
        "steps": 20,
        "sampler_index": "Euler a"
    })
    headers = {
        'Content-Type': 'application/json',
        'Accept': 'application/json'
    }
    response = requests.request("POST", url, headers=headers, data=payload)
    print(response.text)
def get_access_token():
    url = "https://aip.baidubce.com/oauth/2.0/token"
    params = {"grant_type": "client_credentials", "client_id": API_KEY, "client_secret": SECRET_KEY}
    return str(requests.post(url, params=params).json().get("access_token"))
if __name__ == '__main__':
    main()
```

5.3 系统实现

本项目使用 PyCharm 和 PyQt5 构建后端与前端系统,文件结构如图 5-12 所示。

图 5-12 文件结构

5.3.1 PyQt5 组件初始化与绑定机制

定义 PyQt5 的 QWidget 类之后完成对界面中控件的布局及绑定设置(初始化在 dialog.py 中完成),相关代码见"代码文件 5-1"。

5.3.2 PyQt5 槽函数的定义

当程序触发某种状态或者发生某种事件时会发出一个信号,若程序想捕获这个信号,需要执行相应的逻辑代码,这个过程会用到"槽","槽"实际上是一个函数,当信号发射后,执行与之绑定的槽函数,故在槽函数中完成与信号相对应的功能设置,实现参数的传递。

图像处理槽函数(以图像去雾功能为例)相关代码见"代码文件 5-2"。

5.3.3 主函数

主函数相关代码如下。

```
if __name__ == "__main__":
    app = QtWidgets.QApplication(sys.argv)    #有且只有一个 QApplication 对象
    my = Master()                              #实例化 Master 对象
    my.show()                                  #展示窗口
        sys.exit(app.exec_())                  #程序进行循环等待状态,直到关闭窗口
```

5.4 功能测试

本部分包括图像处理功能测试及图像生成功能测试。

5.4.1 图像处理功能测试

运行主程序,进入系统初始界面,如图 5-13 所示。

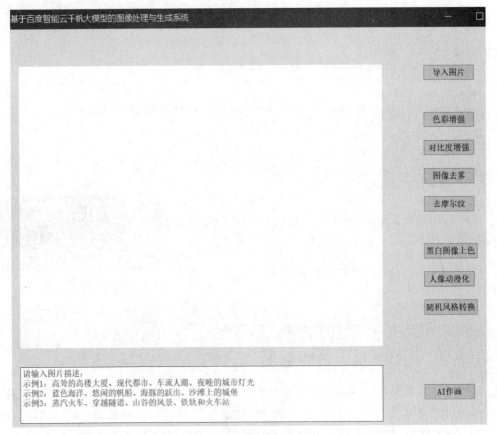

图 5-13 系统初始界面

单击"导入图像"按钮,在本地导入.png 或.jpg 格式的图像,如图 5-14 所示。

色彩增强原始图像如图 5-15 所示。

单击"色彩增强"按钮,处理结果显示在原始图像的位置,图像如果发生变化,说明色彩

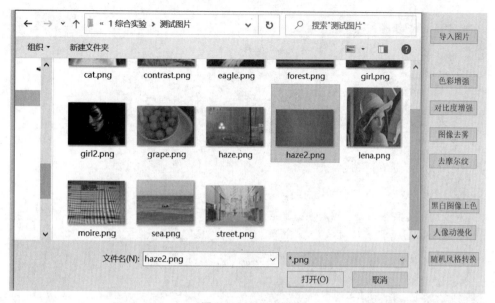

图 5-14 导入图像

图 5-15 色彩增强原始图像

增强功能有效果,处理后的图像将自动保存在 images 文件夹中,如图 5-16 所示。

图像对比度增强原始图像如图 5-17 所示。

单击"对比度增强"按钮,处理结果显示在原始图像的位置,图像如果发生明显的变化,说明对比度增强功能有效果,处理后的图像将自动保存在 images 文件夹中,如图 5-18 所示。

图 5-16 色彩增强处理结果

图 5-17 图像对比度增强原始图像

图像去雾原始图像如图 5-19 所示。

单击"图像去雾"按钮,处理结果显示在原始图像的位置,图像如果发生明显的变化,说明去雾功能的效果较为明显,处理过的图像自动保存在 images 文件夹中,如图 5-20 所示。

图 5-18　对比度增强处理结果

图 5-19　图像去雾原始图像

黑白图像上色原始图像如图 5-21 所示。

单击"黑白图像上色"按钮，处理结果显示在原始图像的位置，图像如果发生明显的变化，说明黑白图像上色功能有效果，处理后的图像将自动保存在 images 文件夹中。

图 5-20　图像去雾处理结果

图 5-21　黑白图像上色原始图像

随机风格转换原始图像如图 5-22 所示。

单击"随机风格转换"按钮,处理结果显示在原始图像的位置,展示风格转换的结果自动保存在 images 文件夹中,如图 5-23~图 5-25 所示。

图 5-22 随机风格转换原始图像

图 5-23 随机风格转换结果(风格:color_pencil)

图 5-24　随机风格转换结果（风格：lavender）

图 5-25　随机风格转换结果（风格：scream）

5.4.2　图像生成功能测试

在界面下方的输入框中，输入图像描述，然后单击"AI 作画"按钮，调用大模型生成的图像显示在画面上方的空白区域中，AI 作画结果如图 5-26～图 5-28 所示。

图 5-26　高耸大楼

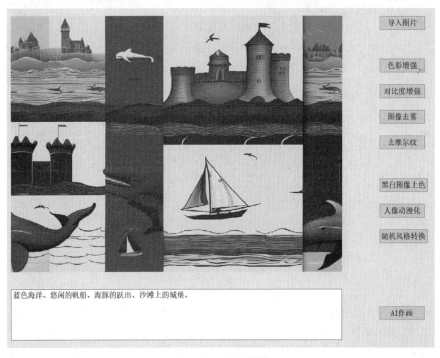

图 5-27　蓝色海洋

图 5-28　卡拉瓦乔巴洛克风格

项目 6　职业匹配

本项目基于 Streamlit 框架，使用 SerpApi 搜索结果，通过 OpenAI 的 GPT 3.5 turboAPI，将简历分析与职位筛选两个功能进行结合，使求职者快速掌握期望岗位的核心需求，评估求职者与该岗位的契合程度。

6.1　总体设计

本部分包括整体框架和系统流程。

6.1.1　整体框架

整体框架如图 6-1 所示。

项目 6
教学资源

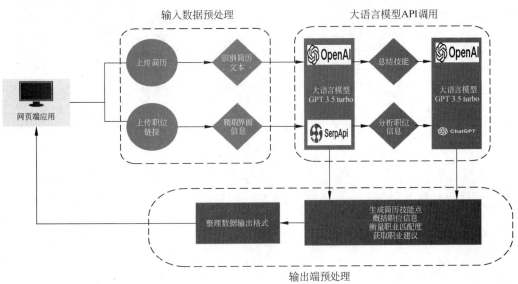

图 6-1　整体框架

6.1.2 系统流程

系统流程如图 6-2 所示。

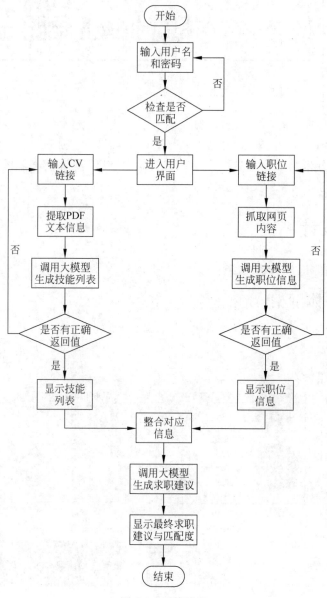

图 6-2 系统流程

6.2 开发环境

本节介绍了 Anaconda、Streamlit 和 Langchain 的安装过程，给出安装所需要的依赖环境配置并介绍大模型 API 的申请步骤。

6.2.1 安装 Anaconda

下载 Anaconda 安装包，如图 6-3 所示。

图 6-3　下载 Anaconda 安装包

选择对应的版本完成安装。完成安装后，输入 conda -V 命令，如果出现安装的版本说明安装成功，如图 6-4 所示。

```
conda 23.10.0
```

图 6-4　安装成功的命令行

安装成功后，可以管理 Python 环境。如果想查看当前设备下 Conda 有哪些环境，输入 conda env list 命令，如图 6-5 所示。

```
# conda environments:
#
base                   * /home/forrestzhang/miniconda3
job                      /home/forrestzhang/miniconda3/envs/job
mcts                     /home/forrestzhang/miniconda3/envs/mcts
moderna                  /home/forrestzhang/miniconda3/envs/moderna
                         /home/forrestzhang/rna/aRNAque/thirdparty/miniconda/miniconda
                         /home/forrestzhang/rna/aRNAque/thirdparty/miniconda/miniconda/envs/aRNAque
                         /home/forrestzhang/rna/aRNAque/thirdparty/miniconda/miniconda/envs/moderna
```

图 6-5　Conda 环境查看

新建 Conda 环境，操作如下：conda create -n "环境名称" Python＝需要的 Python 版本，如图 6-6 所示。

```
(base) forrestzhang@ForrestZhang:~$ conda create -n test python=3.10
Retrieving notices: ...working... done
Channels:
 - conda-forge
 - bioconda
 - defaults
Platform: linux-64
Collecting package metadata (repodata.json): \
```

图 6-6　创建 Conda 环境

安装成功后，通过 Conda activate 命令激活 Conda 环境，如图 6-7 所示。

```
(job) C:\Users\ZiyuH\Desktop\job-hunt-LLM-Helper>streamlit run main.py
You can now view your Streamlit app in your browser.
Local URL: http://localhost:8502
Network URL: http://192.168.1.178:8502
```

图 6-7　激活 Conda 环境

6.2.2　创建 Git

在创建 Conda 环境后，需要对工程项目进行管理。例如，创建项目的空文件夹，在新文件夹中初始化一个 Git 目录，如图 6-8 所示。

```
hint: Using 'master' as the name for the initial branch. This default branch name
hint: is subject to change. To configure the initial branch name to use in all
hint: of your new repositories, which will suppress this warning, call:
hint:
hint:   git config --global init.defaultBranch <name>
hint:
hint: Names commonly chosen instead of 'master' are 'main', 'trunk' and
hint: 'development'. The just-created branch can be renamed via this command:
hint:
hint:   git branch -m <name>
Initialized empty Git repository in /home/forrestzhang/ziyu/.git/
```

图 6-8　创建 Git 目录

按照图 6-8 的引导，将 repository 的远程链接和本地的 Git 仓库关联，实现将代码实时保存在云端，如图 6-9 所示。

通过 Git Push、Git Pull 命令实现代码的推送或拉取。使用 VS Code 的 source control 插件可以自动输入信息并检测代码变化，一键推送到云端，如图 6-10 所示。

```
...or create a new repository on t
echo "# test1" >> README.md
git init
git add README.md
git commit -m "first commit"
git branch -M main
git remote add origin git@github.com:
git push -u origin main
```

图 6-9　远程链接 Git 的仓库

图 6-10　使用 VS Code 插件实现代码管理

6.2.3 安装 Streamlit

Streamlit 是开源的 Python 库，主要功能如下。①Streamlit 能够快速将数据分析脚本转换为交互式的 Web 应用程序。②通过使用 Streamlit，用户不需要掌握前端开发技术，就能以 Python 代码创建出较丰富的网页应用程序，使展示数据、图表以及模型的成果变得更加简单。③通过使用 Streamlit 提供的一系列组件（如文本、数据表格、图表以及交互式小部件），用户可以轻松构建一个应用界面，并与之交互。④通过 st.write() 函数，可以在应用中添加文本或数据。Streamlit 还允许用户通过滑块等小部件来调整输入值，并查看这些变化是如何影响输出结果的。⑤通过 streamlit run your_app.py 命令，可以在本地启动应用，并在浏览器中查看和交互。

用户可以使用 pip 包管理器或者 Conda 内置的包管理器来安装 Streamlit，但是由于国内网络环境不稳定，即使把以上两个工具换到国内镜像源也有可能出现问题，因此建议用户通过源码安装 Streamlit。但在网络环境稳定的情况下，执行 pip install streamlit 或者 conda install streamlit 命令即可完成安装。在源码中安装可以参考 Streamlit 官方的 GitHub，克隆到本地后进入相应的文件夹，然后执行 python setup.py install 命令即可。

6.2.4 LangChain 的安装与使用

LangChain 是一个开源的 Python 框架，主要用于构建大型语言模型的应用程序。它可以将语言模型、外部数据和其他组件相结合，创建能够进行信息检索、处理和生成人类语言的智能系统。对于进行大模型相关的工程与研究，LangChain 是一个非常方便的 Python 框架。该框架由几个核心组件组成，包括封装器、提示、向量存储等。LangChain 安装界面如图 6-11 所示；如果网络环境稳定，可以直接通过 pip 工具安装。调用 LangChain 效果如图 6-12 所示。

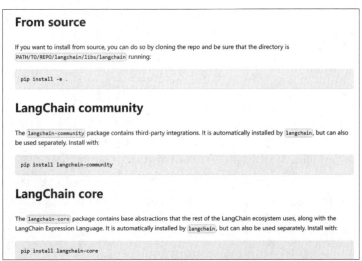

图 6-11　LangChain 安装界面

```
from langchain.chat_models.openai import ChatOpenAI
from langchain.chat_models import ChatOpenAI
from langchain.prompts.chat import (
    ChatPromptTemplate,
    SystemMessagePromptTemplate,
    AIMessagePromptTemplate,
    HumanMessagePromptTemplate,
)
from langchain.schema import AIMessage, HumanMessage, SystemMessage
from langchain.prompts import PromptTemplate
from langchain.chains import LLMChain
from langchain.chains import SequentialChain

import os
from dotenv import load_dotenv
load_dotenv()

chat = ChatOpenAI(model_name='gpt-3.5-turbo-1106', temperature=0.2, max_tokens=3000)
```

图 6-12　调用 LangChain

6.2.5　环境配置

本项目生成 requirement.txt 作为所需的依赖环境，内容如下。

```
aiosignal == 1.3.1
altair == 5.1.1
annotated-types == 0.5.0
appnope == 0.1.3
asttokens == 2.4.0
async-timeout == 4.0.3
attrs == 23.1.0
backcall == 0.2.0
beautifulsoup4 == 4.12.2
blinker == 1.6.2
cachetools == 5.3.1
certifi == 2023.7.22
charset-normalizer == 3.2.0
click == 8.1.7
```

指明包和其对应的版本是为了在复现时方便 pip 工具进行识别，生成 requirements.txt 的命令如下。

```
pip freeze > requirements.txt
```

6.2.6　创建项目

在安装 Streamlit 之后，可以对其进行简单测试。Streamlit 提供非常易用的命令与开发环境，只需要运行 streamlit hello 命令，便可以查看对应的网页界面。在这个网页界面基础上，通过 Python 程序对其进行编辑，可以实现常见网页的基本功能，如图 6-13 所示。

6.2.7　大模型 API 申请

注册 OpenAI 账号，如图 6-14 所示。

图 6-13　网页基本功能

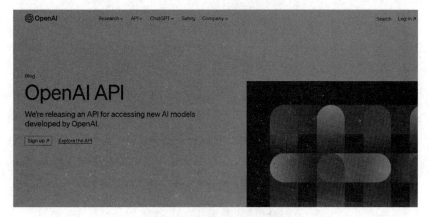

图 6-14　注册 OpenAI 账号

注册 SerpAPI 界面如图 6-15 所示。

图 6-15　注册 SerpAPI 界面

分别注册账号，获取 SerpAPI 数据界面如图 6-16 所示。

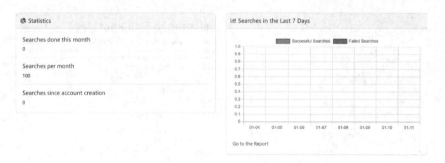

图 6-16　获取 SerpAPI 数据界面

6.3　系统实现

本项目使用 Streamlit 框架搭建 Web 项目，文件结构如图 6-17 所示。

图 6-17　文件结构

6.3.1　PDF 读取模块

PDF 读取模块实现的功能如下。

（1）定义 extract_text_from_PDF 函数，它接收 pdf_path 字符串参数，代表 PDF 文件的本地路径。extract_text_from_PDF 函数可以打开指定路径下的 PDF 文件。使用 pdftotext.PDF 类加载内容，并将其转换为文本。

（2）extract_text_from_PDF 函数通过连接 PDF 对象中的每一页文本，将整个文档内容合并成一个字符串，并返回这个字符串。

PDF 读取模块的相关代码见"代码文件 6-1"。

6.3.2　样式< style >

本部分实现的功能如下。

(1) 使用 Selenium 和 BeautifulSoup 库解析 LinkedIn(领英)网站上的工作职位描述。

(2) 定义 linkedin_jd_parser 函数,它接收一个字符串参数 URL,即工作职位界面的网址。使用 Selenium 的 Webdriver.Chrome() 启动 Chrome 浏览器实例,并访问指定的 URL。

(3) 代码中的 show_more_button 是为了找到界面上的更多按钮,以便加载完整的工作描述。

(4) 使用 driver.page_source 获取更新后 HTML 的源码,并将其传输给 BeautifulSoup 进行解析。在解析后,代码提取职位名称、公司名称、工作地点、发布时间和工作描述等重要信息,并将这些信息存储在 info_dict 中。

(5) 返回这个包含所有提取信息的字典。

样式< style >的相关代码见"代码文件 6-2"。

6.3.3 模型交互

通过 LangChain 框架与 OpenAI 的 GPT-3.5 模型相结合,可以实现两个功能:一是概括工作描述;二是比较简历与工作描述中的技能匹配情况。为了更好地引导 GPT 获得准确答复,代码中使用多种不同的模板,构建与语言模型的交互,通过生成合适的提示引导模型生成所需的输出。注意:由于 ChatGPT 的"母语"是英文,并且 LinkedIn 上很多职位也是英文介绍,所以需要使用英文作为 Prompt 的语言。相关代码见"代码文件 6-3"。

6.3.4 主程序逻辑

通过 Streamlit 的按钮功能实现登录逻辑,条件是只在检测到匹配的用户名和密码组合时才会登录,并且登录前看不到用户的主要界面。相关代码见"代码文件 6-4"。

主界面逻辑使用 Streamlit 框架构建一个 Web 应用程序。内容如下。①应用的功能包括总结简历中的技能和解析 LinkedIn 上的职位描述。②应用界面被分为两部分:简历技能总结和 LinkedIn 职位描述解析。前者是用户通过文本输入框提供链接,也可以通过单击按钮总结简历中的技能,并在界面上展示这些信息;后者是允许用户输入 LinkedIn 职位链接,应用程序抓取职位信息,整理职位描述并进行总结,结果会在界面上显示。③程序还包含一个技能匹配功能,允许用户通过单击按钮来比较简历和职位描述中的技能,并在界面上显示。相关代码见"代码文件 6-5"。

在未登录时,系统会留在登录界面,如果检测到用户名和密码输入正确,则会切换到主界面,相关代码如下。

```
if 'logged_in' not in st.session_state:
    st.session_state['logged_in'] = False
if st.session_state['logged_in']:
    main_app()
else:
    show_login_page()
```

6.4 功能测试

本部分包括运行项目、发送问题及响应。

6.4.1 运行项目

(1) 运行项目程序：streamlit run full.py。
(2) 单击终端中显示的网址 URL，进入网页。
(3) 终端启动结果如图 6-18 所示；登录界面如图 6-19 所示；聊天窗口如图 6-20 所示。

图 6-18 终端启动结果

图 6-19 登录界面

图 6-20 聊天窗口

6.4.2 发送问题及响应

向工具中提供简历信息，单击"总结简历中包含的技能"，获取简历技能总结，如图 6-21 所示。

> **总结简历中包含的技能**
>
> 发送总结请求到 ChatOpenAI ...
>
> **简历技能总结：**
>
> The skills/technologies mentioned in this resume are:
>
> 1. AI4Bio research
> 2. French language proficiency
> 3. Master of Science in Computer Science
> 4. Reinforcement Learning
> 5. Applied Machine Learning
> 6. Bachelor of Engineering in Information Engineering
> 7. Hierarchical Data-efficient Representation Learning
> 8. Tertiary Structure-based RNA Design
> 9. Protein Stability Prediction
> 10. Large Language Models
> 11. Protein Inverse Folding
> 12. Benchmarking
> 13. Neural Information Processing Systems (NeurIPS)
> 14. Goal-Oriented Environments
> 15. Resource Allocation
> 16. Blockchain-enabled Mobile Edge Computing
> 17. Edge Computing System Optimization
> 18. Machine Learning Algorithms

图 6-21　简历技能总结

继续向工具中提供职位信息，单击 LinkedIn 职位描述解析，获取 LinkedIn 职位描述解析和最终的技能匹配结果，如图 6-22 和图 6-23 所示。

> **领英职位描述解析**
>
> **领英职位描述总结：**
>
> Part 1: Job Description Overview
>
> - ServiceNow is seeking an Applied Research Scientist for their Advanced Technology Group (ATG)
> - The role involves building intelligent software and smart user experiences using AI technologies
> - The intern will work on Document Intelligence, a cornerstone product of ServiceNow
> - The internship offers the opportunity to confront real-world challenges and datasets using AI/ML expertise
> - The intern will collaborate with a team of developers, scientists, product managers, and quality engineers
>
> Part 2: Qualifications and Responsibilities
>
> - Pursuing a master's degree in computer science, Data Science, Artificial Intelligence, or related field
> - Familiarity with data preparation, feature engineering, classical machine learning, deep learning, vision, and NLP
> - Proficiency in Python or other scripting languages for machine learning
> - Ability to work in Toronto or Montreal and commit to a full-time 16-week internship
> - Strong communication skills, enthusiasm for staying updated on AI literature, and a proactive "getting things done" attitude

图 6-22　LinkedIn 职位描述解析

技能匹配结果:

Fully matched:

- Pursuing a master's degree in computer science, Data Science, Artificial Intelligence, or related field

Partial matched:

- Familiarity with data preparation, feature engineering, classical machine learning, deep learning, vision, and NLP (The resume mentions experience in AI-enabled RNA research, protein mutation prediction, and reinforcement learning in blockchain, which align with the mentioned skills, but the specific terms like "data preparation" and "feature engineering" are not explicitly mentioned)
- Proficiency in Python or other scripting languages for machine learning (The resume mentions proficiency in Python and Pytorch, which align with the requirement)
- Strong communication skills, enthusiasm for staying updated on AI literature, and a proactive "getting things done" attitude (The resume mentions research and internship experiences, which demonstrate strong communication skills and proactive attitude, but the specific mention of staying updated on AI literature is not explicitly mentioned)

Not matched:

- Ability to work in Toronto or Montreal and commit to a full-time 16-week internship (No specific mention of commitment to a full-time 16-week internship or willingness to work in Toronto or Montreal)

图 6-23　技能匹配结果

项目 7 生成简历

本项目基于 HTML 构建内容，使用 CSS 进行样式设计，使用 JavaScript 建立执行逻辑，根据讯飞星火认知大模型调用开放的 API，生成一份简历模板。

7.1 总体设计

本部分包括整体框架和系统流程。

7.1.1 整体框架

整体框架如图 7-1 所示。

项目 7
教学资源

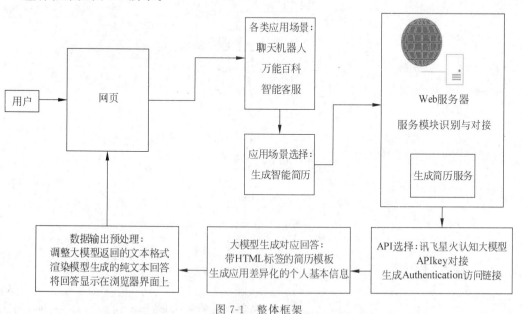

图 7-1 整体框架

7.1.2　系统流程

系统流程如图 7-2 所示。

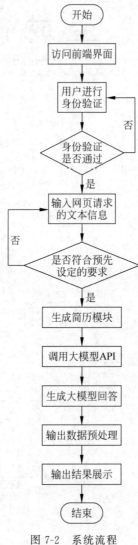

图 7-2　系统流程

7.2　开发环境

本节包括 Node.js 和 pnpm 的安装过程，给出安装所需要的依赖环境配置，创建一个项目并介绍大模型 API 的申请步骤。

7.2.1　安装 Node.js

安装 Node.js 参见 2.2.2 节。

7.2.2　安装 pnpm

安装 pnpm 参见 2.2.3 节。

7.2.3　环境配置

项目所需要的依赖环境主要在 package.json 和 pnpm-lock.yaml 文件中。

package.json 是 Node.js 项目的描述文件,基本信息包括名称、版本、描述和作者等。在执行 pnpm install 时,Dependencies 会被下载。在定义脚本命令时,主要通过 npm run <script-name> 执行。

pnpm-lock.yaml 的主要功能是为每个安装包保存一个确切的版本号、源 URL 与校验和,确保每次安装时都能获得相同的版本,从而保证项目在不同环境中的一致性。

实际开发中,package.json 添加新的依赖环境或更改脚本命令时,需要手动编辑文件,而 pnpm-lock.yaml 由 pnpm 自动生成,不需要手动修改。

本项目中需要的依赖环境为 vue、base-64、crypto-js、fast-xml-parser 和 utf8,可以将这些依赖环境及版本号写在 package.json 文件中的 dependencies 目录下,然后运行 pnpm install 命令进行安装。package.json 文件内容如下。

```
{
  "name": "resumegenerator",
  "private": true,
  "version": "0.0.0",
  "type": "module",
  "scripts": {
    "dev": "vite",
    "build": "vite build",
    "preview": "vite preview"
  },
  "dependencies": {
    "vue": "^3.3.11",
    "base-64": "^1.0.0",
    "crypto-js": "^4.1.1",
    "fast-xml-parser": "^4.2.6",
    "utf8": "^3.0.0"
  },
  "devDependencies": {
    "@vitejs/plugin-vue": "^4.5.2",
    "vite": "^5.0.8"
  }
}
```

运行 pnpm install 命令安装后显示内容如下。

```
PS D:\桌面\xinghuo_project\resumeGenerator> pnpm install
Packages: +5
+++++
Progress: resolved 56, reused 34, downloaded 0, added 5, done
dependencies:
+ base-64 1.0.0
+ crypto-js 4.1.1
+ fast-xml-parser 4.2.6 (4.2.7 is available)
+ utf8 3.0.0
Done in 1.8s
```

7.2.4 创建项目

创建项目步骤如下。

（1）新建项目文件夹，进入文件夹后打开 cmd，使用 pnpm 创建项目，命令如下。

```
pnpm create vite
```

（2）输入项目的名称。

```
Project name:xinghuo_demo
```

（3）选择项目的框架。

```
Select a framework: >> Vue
```

（4）选择 JavaScript 语言。

```
Select a variant: >> JavaScript
```

（5）项目存放在 Scaffolding project in D:\桌面\xinghuo_project\xinghuo_demo 目录下。

（6）按照提示的命令运行项目，其中 pnpm install 是构建项目，pnpm run dev 是运行项目。

```
cd ./resumeGenerator
pnpm install
pnpm run dev
VITE v4.4.5 ready in 1066 ms
Local:http://localhost:5173/
Network:use -- host to expose
press h to show help
```

7.2.5 大模型 API 申请

讯飞星火认知大模型 API 申请参见 2.2.6 节。

7.3 系统实现

本项目使用 Vite 搭建 Web 项目，文件结构如图 7-3 所示。

图 7-3　文件结构

7.3.1　头部< head >

定义文档字符的相关代码见"代码文件 7-1"。

7.3.2　样式< style >

定义网页的 CSS 及各元素的特定样式。例如，文本居中、HTML 的背景颜色、宽、高等。相关代码见"代码文件 7-2"。

7.3.3　主体< body >

设置网页主体的相关代码见"代码文件 7-3"。

7.3.4　main.js 脚本

根据 ID 定位到 index.html 中的组件，requestObj 设置调用大模型的 API，API 申请成功后可填写对应的内容，其中用户身份证明可以随意填写用户名，SparkResult 不用填写内容。通过 sendMsg 函数可以发送信息，相关代码见"代码文件 7-4"。

请求参数详情可参考图 2-24。

鉴权 URL 地址及添加消息的相关代码见"代码文件 7-5"。

7.4　功能测试

本部分包括运行项目、发送问题及响应。

7.4.1　运行项目

(1) 进入项目文件夹：cd resumeGenerator。

(2) 运行项目程序：pnpm run dev。

(3) 单击终端中显示的网址 URL，进入网页，执行如下命令。

VITE v4.4.5 ready in 1015 ms

(4) 终端启动结果如图 7-4 所示；聊天窗口如图 7-5 所示。

```
➜ Local: http://localhost:5173/
➜ Network: use --host to expose
➜ press h to show help
```

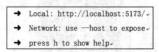

图 7-4 终端启动结果

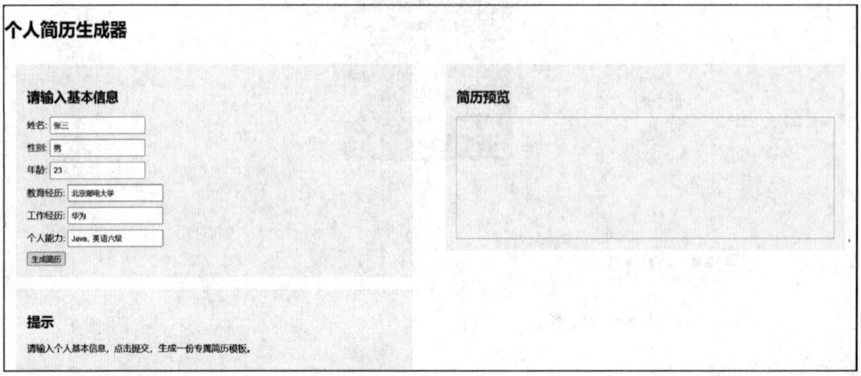

图 7-5 聊天窗口

7.4.2 发送问题及响应

在讯飞星火认知大模型界面中输入基本信息，单击“生成简历”按钮后，收到的答案显示在右侧的文本框内，如图 7-6 所示。

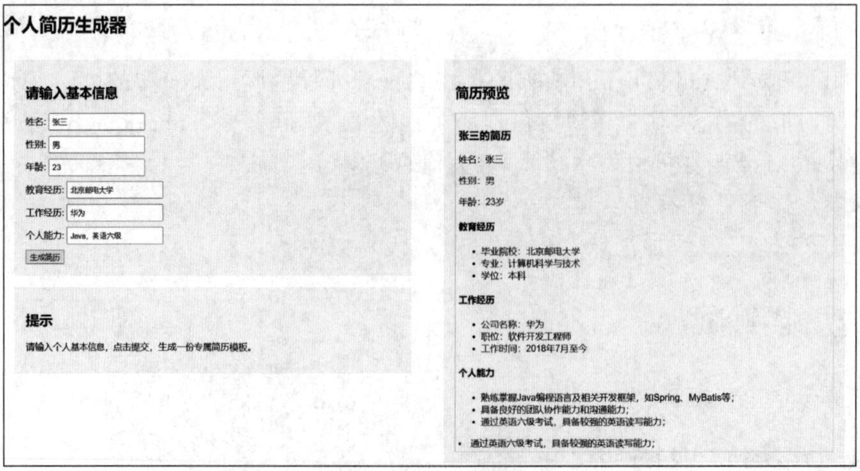

图 7-6 发送问题及响应

项目 8 产品推荐

本项目基于 HTML 结构内容,使用 CSS 进行样式设计,根据百度智能云千帆大模型调用开放的 API,获取用户需要的产品及其对应的购物链接。

8.1 总体设计

本部分包括整体框架和系统流程。

8.1.1 整体框架

整体框架如图 8-1 所示。

项目 8
教学资源

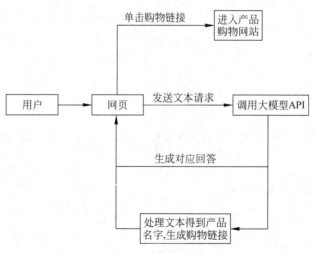

图 8-1 整体框架

8.1.2 系统流程

系统流程如图 8-2 所示。

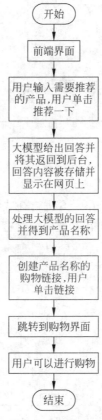

图 8-2 系统流程

8.2 开发环境

本节包括 PyCharm 的安装过程，给出所需要的依赖环境配置和大模型 API 的申请步骤。

8.2.1 安装 PyCharm

安装 PyCharm 参见 1.2.1 节。

8.2.2 环境配置

本项目所需要的环境配置参见 1.2.2 节。

8.2.3 大模型 API 申请

百度智能云千帆大模型 API 申请参见 1.2.4 节。

8.3 系统实现

本项目使用 Flask 框架搭建 Web 项目，文件结构如图 8-3 所示。

图 8-3　文件结构

8.3.1　头部< head >

定义文档字符的相关代码如下。

```
< head >
    < meta charset = "UTF - 8">
    < title >购物推荐助手</ title >
    < link href = "/static/css/bg.css" rel = "stylesheet"/>
</ head >
```

8.3.2　样式< style >

设置网页背景样式的相关代码如下。

```
body {
    background - image: url('bg.jpg');
    background - repeat: no - repeat;
    background - size: cover;
}
```

8.3.3　主体< body >

设置网页主体的相关代码见"代码文件 8-1"。

8.3.4　App.py

处理大模型回答、得到产品名称、生成购物链接的相关代码见"代码文件 8-2"。

8.4 功能测试

本部分包括运行项目、发送问题及响应。

8.4.1 运行项目

运行项目文件成功后显示一个链接,如图 8-4 所示;进入问题描述界面,如图 8-5 所示。

图 8-4 运行项目链接

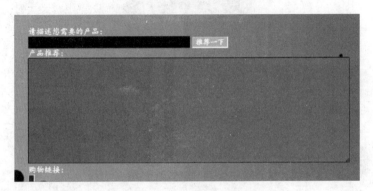

图 8-5 问题描述界面

8.4.2 发送问题及响应

输入需要的产品,得到回答和有对应产品名字的链接,单击链接即可进入界面。输入洗面奶界面如图 8-6 所示;单击"推荐一下"按钮,如图 8-7 所示。

图 8-6 输入洗面奶界面

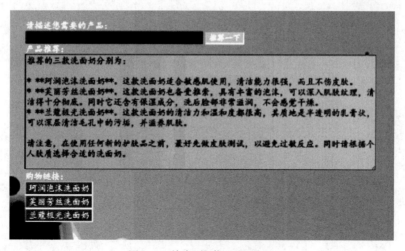

图 8-7 单击"推荐一下"按钮

单击第一个按钮即可进入购物链接,如图 8-8 所示。

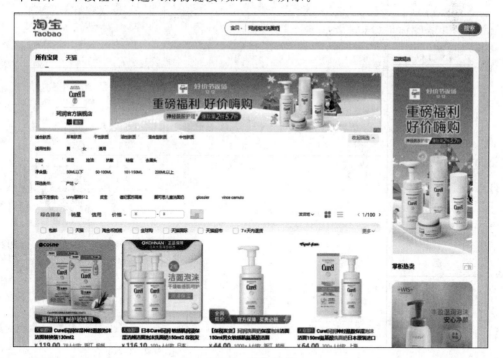

图 8-8 购物链接

项目 9 重生之水浒穿越

本项目通过 Python 语言，使用 Gradio 进行网页样式设计，根据百度智能云千帆大模型调用开放的 API，实现一个可以交互的水浒穿越游戏。

9.1 总体设计

本部分包括整体框架和系统流程。

9.1.1 整体框架

整体框架如图 9-1 所示。

项目 9
教学资源

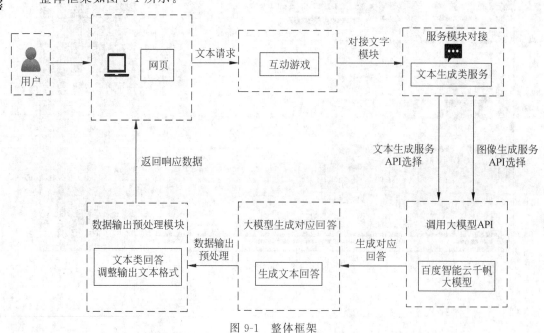

图 9-1 整体框架

9.1.2 系统流程

系统流程如图 9-2 所示。

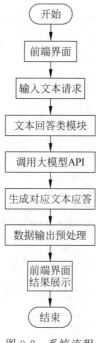

图 9-2 系统流程

9.2 开发环境

本节包括 Python 和 Anaconda 的安装过程,给出所需要的依赖环境配置,创建一个项目并介绍大模型 API 的申请步骤。

9.2.1 安装 Python

在 Python 官网下载应用程序,安装步骤参见 4.2.2 节。运行 Python 后选择 3.9.1 版本,如图 9-3 所示。

自定义安装界面如图 9-4 所示。

添加环境界面如图 9-5 所示。

单击 Close 按钮,如图 9-6 所示。

完成安装后进行测试,输入 cmd 指令,进入命令行后再输入 Python,如果出现版本号则说明成功安装,如图 9-7 所示。

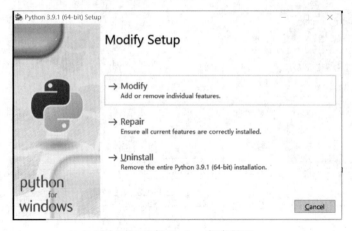

图 9-3 选择 Python 版本界面

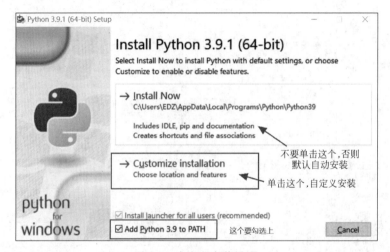

图 9-4 自定义安装界面

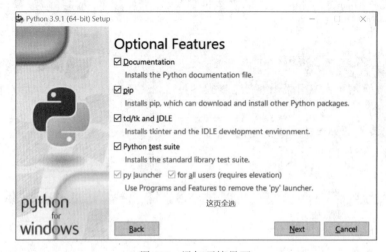

图 9-5 添加环境界面

项目9　重生之水浒穿越

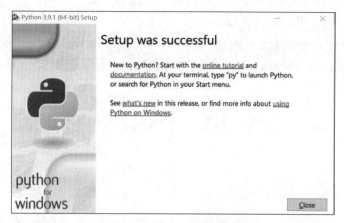

图 9-6　单击 Close 按钮

图 9-7　安装测试

9.2.2　安装 Anaconda

下载 Anaconda 界面如图 9-8 所示。

图 9-8　下载 Anaconda 界面

Anaconda 完成安装界面如图 9-9 所示。

图 9-9 Anaconda 完成安装界面

打开安装包选择 All Users，如图 9-10 所示。

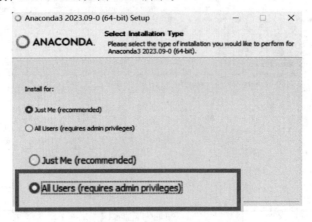

图 9-10 选择 All Users

选择安装路径界面如图 9-11 所示。

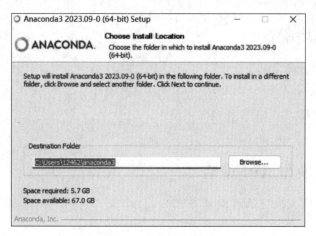

图 9-11　选择安装路径

选择安装选项界面如图 9-12 所示。

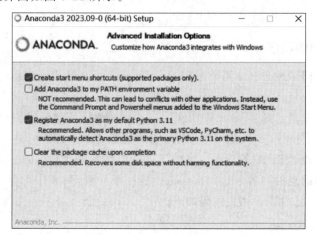

图 9-12　选择安装选项

Anaconda3 安装过程如图 9-13 所示。

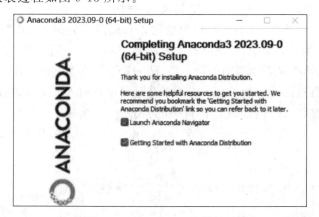

图 9-13　Anaconda3 安装过程

9.2.3 环境配置

(1) 安装 Gradio 命令如下。

```
pip install gradio
```

(2) 安装 ERNIE Bot SDK 命令如下。

```
pip install -- upgrade erniebot
```

9.2.4 大模型 API 申请

百度智能云千帆大模型 API 申请参见 1.2.4 节。

9.3 系统实现

本项目使用 Python 搭建 Web 项目。

9.3.1 main.py

使用 Gradio 和 ERNIE Bot 两个 Python 库创建一个交互式的穿越游戏,让用户可以和水浒传的世界对话。

定义两个全局变量:mess_dict 和 bot_message,分别用于存储用户与机器人的对话消息以及回复的内容。mess_dict 是一个字典,它的键是 Messages,值是一个列表,列表中的每个元素是一个字典,表示一条消息。每个消息字典包含两个键:Role 和 Content,分别表示消息的发送者和消息的内容。bot_message 是一个列表,列表中的每个元素是一个字符串,表示机器人的回复内容。相关代码如下。

```
mess_dict = {"messages":[]}
bot_message = []
```

①定义函数 Predict,它接受两个参数:Message 和 History。Message 是用户输入的文本;History 是用户和机器人的对话历史列表,列表中的每个元素是一个元组,表示一轮对话,元组中包含两个字符串,分别表示用户的输入和机器人的回复。②Predict 函数的作用是根据用户的输入和对话历史,生成机器人的回复,并更新对话历史,最后返回一个空字符串和对话历史。③检查是否为对话的第一轮,即 History 是否为空列表。如果是,则给定一个故事背景,描述游戏的设定和目标。将故事背景和用户输入的文本进行拼接,作为组合消息。如果不是,直接将用户输入的文本作为组合消息。④构建一个消息字典,将用户的角色和组合消息存入其中。将消息字典添加到 mess_dict 中。相关代码如下。

```
if len(history) == 0:
    story_background = "…"
    combined_message = story_background + " " + message
else:
    combined_message = message
```

构建一个消息字典,将 Role 设为 User,Content 设为组合消息,然后将这个消息字典添加到 mess_dict 下的 messages 列表中,表示用户发送了一条消息。相关代码如下。

```
tmp = {
    "role": "user",
    "content": combined_message
    }
pprint(tmp)
mess_dict["messages"].append(tmp)
```

①调用 ERNIE Bot 库中的 ChatCompletion 类的 Create 方法,传入模型名、消息列表和其他参数;②创建一个 ChatCompletion 对象,这个对象可以调用 ERNIE Bot API,根据消息列表生成机器人的回复结果,消息列表是 mess_dict 中的 messages 列表。相关代码如下。

```
erniebot.api_type = "aistudio"
erniebot.access_token = "082e6c7af85c18cbaa470d8ac5434509f009719b"
chat_completion = erniebot.ChatCompletion.create(model = "ernie-bot-4",messages = mess_dict["messages"])
```

①在 ChatCompletion 对象中获取机器人的回复结果,用字符串表示机器人根据消息列表生成的文本;②构建消息字典将 Role 设为 Assistant,将 Content 设为回复结果,这个消息字典添加到 mess_dict 中的 Messages 列表中,表示机器人发送了一条消息。同时,将回复结果添加到 bot_message 列表中,表示机器人的回复内容。相关代码如下。

```
tmp = {
    "role": "assistant",
    "content": result
    }
mess_dict["messages"].append(tmp)
bot_message.append(result)
```

输出 bot_message 和 mess_dict,方便调试、查看机器人的回复和对话消息的情况。相关代码如下。

```
pprint('bot_message')
pprint(bot_message)
```

①更新对话历史,将用户输入的文本和机器人的回复组成一个元组,添加到 History 列表中,表示一轮对话的完成;②输出 History,方便调试和查看对话历史情况;③返回一个空字符串和对话历史;④调用 Gradio 的 Interface 函数,传入 Predict 函数、输入类型、输出类型和其他参数,创建一个交互式的网页界面;⑤调用 Launch 方法,启动网页界面,让用户可以在浏览器中输入文本,与机器人进行对话。相关代码如下。

```
history.append((message, result))
pprint('chat_history')
pprint(history)
return "", history
```

9.3.2　utils.py

utils.py 使用 Gradio 库,Gradio 是构建交互式机器学习模型和深度学习模型界面的

Python 库，其目的是创建基于百度智能云千帆大模型的水浒穿越游戏的网页界面。

创建一个 gr. Blocks 对象，Theme 参数可以指定界面的主题，本项目中使用 gr. themes. Glass，可以实现一个透明玻璃效果的主题。相关代码如下。

```
with gr.Blocks(theme = gr.themes.Glass()) as demo:
```

①创建一个 gr. Row 对象，它是一个布局元素，用于将子组件水平排列在一行中；②创建 gr. HTML 对象，用于显示任意的 HTML 输出，使用<h1>标签设置界面的标题为重生之水浒穿越。相关代码如下。

```
with gr.Row():
    gr.HTML(
        """< h1 align = "center">重生之水浒穿越</h1 >""")
```

创建 gr. HTML 对象，使用<img>标签插入水浒主题图像。相关代码如下。

```
with gr.Row():
    gr.HTML(
        """< img align = "center" src = 'https://ai - studio - static - online.cdn.bcebos.com/
        5f1287bbfeb04bcd8206076cf5726c2c4e500aab274a4d368b6aabf858d9521b' width = '100 % '>
        < br >""")
```

创建 gr. HTML 对象，使用<h2>标签设置游戏的主要内容。相关代码如下。

```
with gr.Row():
    gr.HTML(
        """< h2 align = "center">…</h2 >""")
```

①创建 gr. Chatbot 对象，用于展示聊天机器人的输出，包括用户提交的消息和机器人的回复；②使用 elem_id 参数指定组件在 HTML DOM 中的 ID；③使用 Label 参数指定组件的标签；④使用 style 方法设置组件的高度为 500DPI。相关代码如下。

```
with gr.Row():
    chatbot = gr.Chatbot([], elem_ID = "Chatbot", Label = "故事记录").style(height = 500)
```

①创建 gr. Textbox 对象，用于接收并显示文本输入和输出；②使用 Value 参数指定文本框的默认值为空；③使用 Label 参数指定文本框的标签。相关代码如下。

```
msg = gr.Textbox(Value = "", Label = "请在下方输入您的选择(若是游戏开局请在下方输入您的转生要求)")
```

①创建 gr. Button 对象，用户可以单击按钮执行特定的操作；②使用 Value 参数指定按钮的文本为开始；③使用 Variant 参数指定按钮的类型为 primary；④使用 Style 方法设置按钮的样式，如边框半径、背景颜色、字体颜色、字体粗细和内边距。相关代码如下。

```
submit = gr.Button("开始", variant = "primary").style(border_radius = 8, background = "linear -
gradient(145deg, #ff7f7f, #ff4747)", color = "white", font_weight = "bold", padding = 10)
```

①gr. Button 对象用于创建一个按钮，用户可以单击按钮清除文本框和聊天记录；②使用 Value 参数指定按钮的文本为清除；③使用 Variant 参数指定按钮的类型为 secondary，使用 Style 方法设置按钮的样式。相关代码如下。

```
clear = gr.Button("清除", variant = "secondary").style(border_radius = 8, background =
```

```
"linear - gradient(145deg, #7fbfff, #47a7ff)", color = "white", font_weight = "bold",
padding = 10)
```

①为文本框添加一个 Submit 事件监听器,它会在用户输入文本并按下"回车键"或"提交"按钮时触发;②使用 Predict 函数作为事件的回调函数,它会根据用户的输入和聊天记录生成机器人的回复,并更新文本框和聊天记录的值;③使用[msg,chatbot]作为输入和输出的组件列表,表示 Predict 函数的参数和返回值分别对应这些组件的值。相关代码如下。

```
msg.submit(predict, [msg, chatbot], [msg, chatbot])
```

为"开始"按钮添加一个 Click 事件监听器,它会在用户单击按钮时触发。相关代码如下。

```
submit.click(predict, [msg, chatbot], [msg, chatbot])
```

①为"清除"按钮添加一个 Click 事件监听器,它会在用户单击按钮时触发;②使用一个匿名函数作为事件的回调函数,它不做任何操作,只是为了清除聊天记录的值;③使用 None 作为输入的组件列表,表示不需要传递任何参数;④使用 chatbot 作为输出的组件列表,表示只需要更新聊天记录的值。相关代码如下。

```
clear.click(lambda: None, None, chatbot)
```

9.4 功能测试

本部分包括运行项目、发送问题及响应。

9.4.1 运行项目

在终端跳转到当前文件夹目录下,运行主文件 main.py。按照命令窗口中的提示,用浏览器输入 http://127.0.0.1:7860,即可进入界面。终端启动结果如图 9-14 所示;重生之水浒穿越初始界面如图 9-15 所示。

```
Running on local URL:  http://127.0.0.1:7860
To create a public link, set `share=True` in `launch()`.
```

图 9-14 终端启动结果

9.4.2 发送问题及响应

单击"开始"按钮体验游戏,在故事记录中会显示穿越故事情境界面,如图 9-16 所示。

用户根据大模型提供的情境,选择人物后输入下一步所要采取的行动,单击"开始",大模型生成新情境,如图 9-17 所示。

若结束游戏或重新开始游戏,单击"清除"按钮,即可清除故事记录,进行新一轮游戏,如图 9-18 所示。

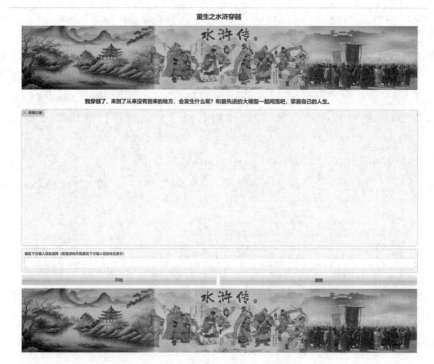

图 9-15　重生之水浒穿越初始界面

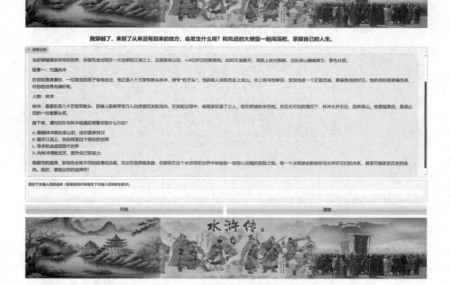

图 9-16　穿越故事情境界面

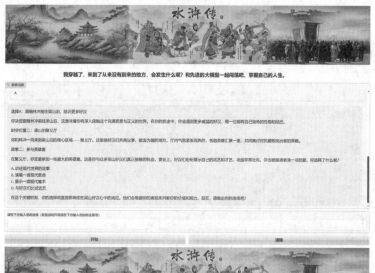

图 9-17 生成新情境

图 9-18 清除故事记录

项目 10 小说创作

项目 10
教学资源

本项目通过 Python 的 Tkinter 库，使用 Canvas 画布工具进行样式设计，根据讯飞星火认知大模型调用开放的 API，获取针对小说创作的相关问题。

10.1 总体设计

本部分包括整体框架和系统流程。

10.1.1 整体框架

整体框架如图 10-1 所示。

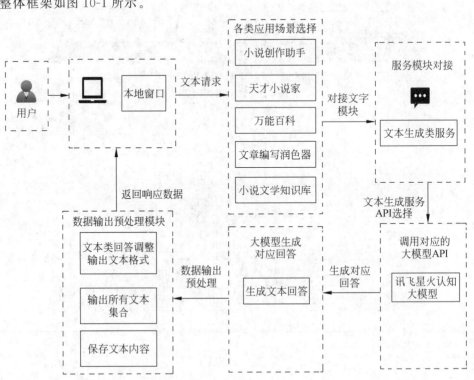

图 10-1 整体框架

10.1.2 系统流程

系统流程如图 10-2 所示。

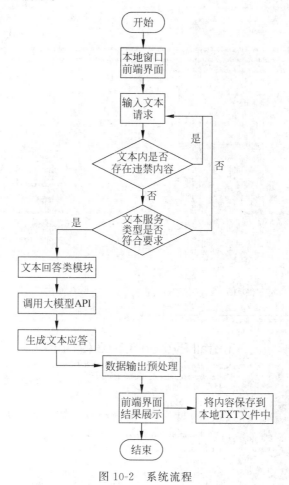

图 10-2　系统流程

10.2　开发环境

本节包括 Python 和 PyCharm 的安装过程，给出所需要的依赖环境配置，创建一个项目并介绍大模型 API 的申请步骤。

10.2.1　安装 Python

下载 Python 3.10 安装包及源码，如图 10-3 所示。
运行安装包界面如图 10-4 所示。
选择接受协议选项，如图 10-5 所示。

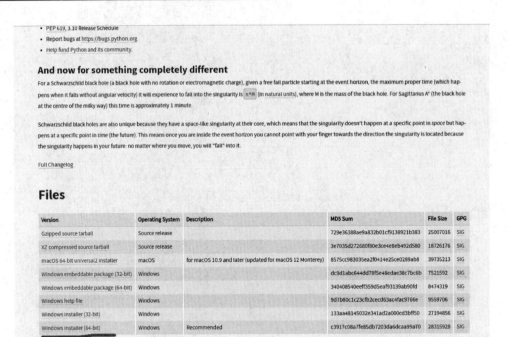

图 10-3　下载 Python 3.10 安装包及源码

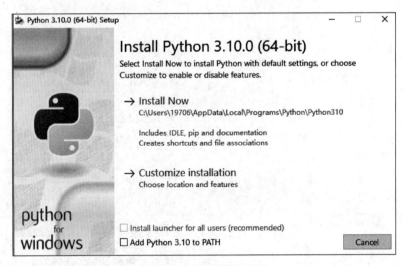

图 10-4　运行安装包界面

Python 3.10.7 版本安装过程如图 10-6 所示。

Python 3.10.7 安装完成如图 10-7 所示。

10.2.2　安装 PyCharm

本项目使用 PyCharm 作为 Python 的编辑器，其包含一整套可以帮助用户在使用

项目10 小说创作 125

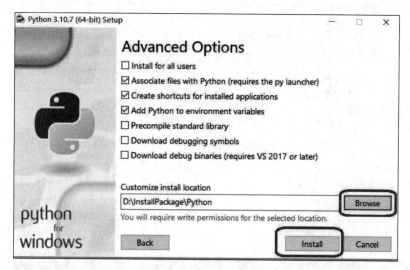

图 10-5 接受协议选项

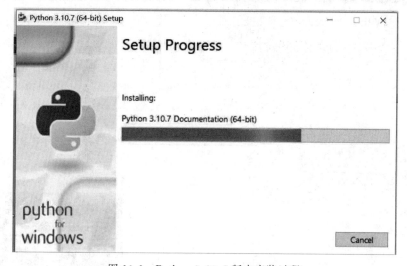

图 10-6 Python 3.10.7 版本安装过程

Python 语言进行开发时提高效率的工具。例如，调试、项目管理、代码跳转、智能提示、自动完成、单元测试、版本控制等。此外，该编辑器提供一系列高级功能，主要用于支持 Django 框架下的专业 Web 开发。

安装 PyCharm Community Version 2022.1.1 过程如图 10-8 所示。

10.2.3 环境配置

在 Setting 选项下的"Python 解释器"中下载库，或通过 PyCharm 的终端打开 cmd，使用命令行进行下载，格式如下：pip install ＋所需下载的库名或 pip3 install ＋所需下载的库名，可继续在命令后追加版本号控制下载库的版本。

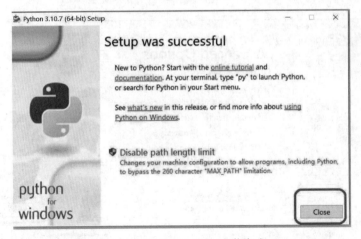

图 10-7　Python 3.10.7 安装完成

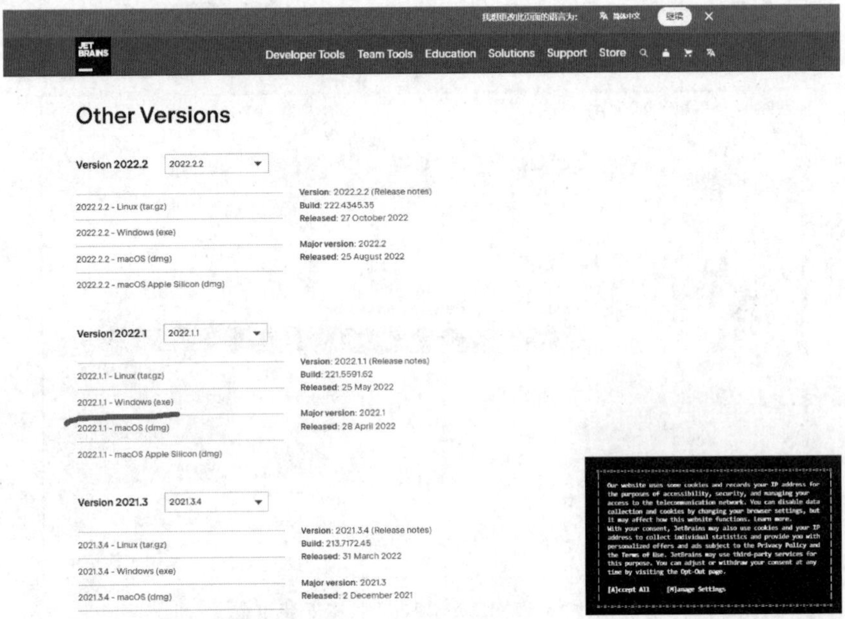

图 10-8　安装 PyCharm

在 Setting 选项下可以查看创建虚拟环境的库存在情况，本次使用的库及其版本如图 10-9 所示。

调用 Python 库的格式：import＋所需库名。

10.2.4　创建项目

① 进入 PyCharm，单击左上角文件，打开创建项目。

② 选择项目存放位置和使用的环境。

③ 单击"创建"按钮，如图 10-10 所示。

项目10 小说创作 127

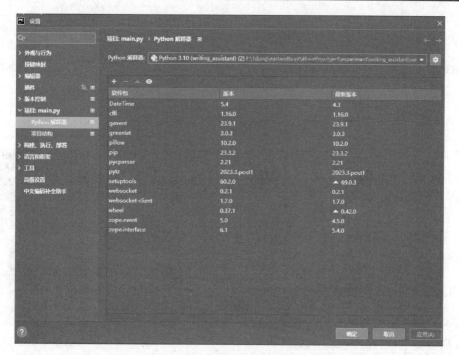

图 10-9 使用的库及其版本

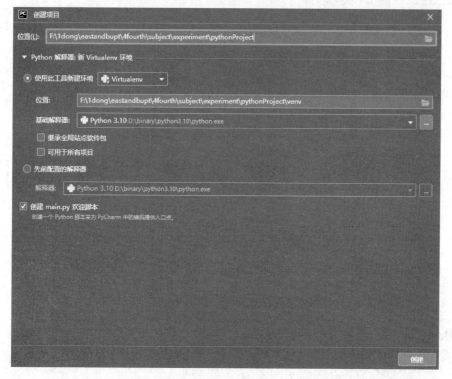

图 10-10 创建项目

10.2.5 大模型 API 申请

讯飞星火认知大模型 API 申请参见 2.2.6 节。

10.3 系统实现

本项目使用 PyCharm 开发环境搭建 Web 项目，文件结构如图 10-11 所示。

图 10-11 文件结构

10.3.1 头部引入

引入所需的库函数并对其基本信息与变量进行配置的相关代码见"代码文件 10-1"。

10.3.2 关键函数

定义并编写 5 个需要利用的函数，以进行对文本、窗口、返回结果的处理与显示，相关代码见"代码文件 10-2"。

10.3.3 窗口实现

窗口实现的功能如下：①通过 Tkinter 库的 Canvas、Text 和 Scrollbar 组件编写本地窗口，并对 Button 按钮进行 Ask 函数绑定；②每次单击 Button 函数会对输入的文本内容进行处理，将结果通过服务器端返回给讯飞星火认知大模型并进行本地显示；③将每次的问题与结果记录保存在本地的 .txt 文件中。相关代码见"代码文件 10-3"。

10.3.4 Spark API

Spark API 的相关代码见"代码文件 10-4"。

10.4 功能测试

本部分包括运行项目、发送问题及响应。

10.4.1 运行项目

对 test.py 文件右击"运行"，运行结果如图 10-12 所示。

10.4.2 发送问题及响应

向小说创作助手进行提问：如果我准备创建一篇情感类的现代都市文，请帮我构想几个主角的名字，单击"向星火询问"按钮后，收到的答案显示在文本框内，如图 10-13 所示。

图 10-12　运行结果

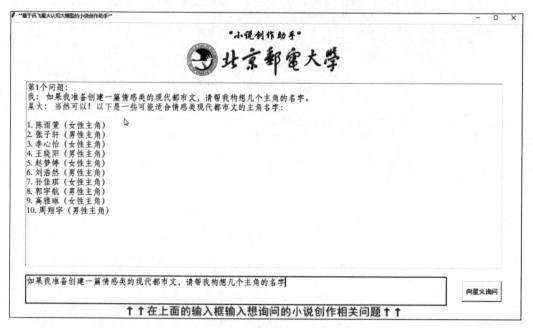

图 10-13　发送问题及响应（现代都市文）

向小说创作助手进行提问：一篇武侠类小说的构成要素有哪些？请结合例子说明，单击"向星火询问"按钮后，收到的答案显示在文本框内，如图 10-14 所示。

关闭整个窗口后，询问的问题及返回的结果被保存在 output.txt 文件中。

图 10-14 发送问题及响应(武侠小说)

项目 11

情 绪 分 析

本项目通过 Tkinter 设计前端对话窗口,根据 TCP 连接第三方 OpenAI 中转服务器端,调用 OpenAI GPT-3.5 Turbo 大模型的 API,对用户情绪进行分析。

11.1 总体设计

本部分包括整体框架和系统流程。

11.1.1 整体框架

整体框架如图 11-1 所示。

项目 11
教学资源

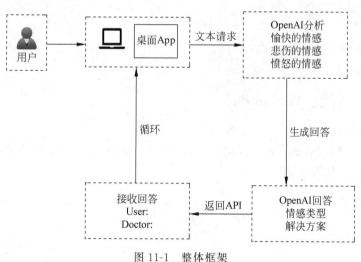

图 11-1 整体框架

11.1.2 系统流程

系统流程如图 11-2 所示。

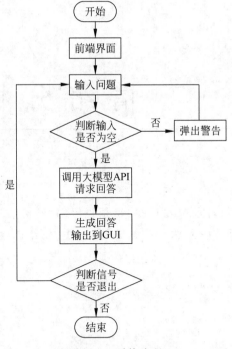

图 11-2　系统流程

11.2　开发环境

本节主要包括 Anaconda、Tkinter 和 OpenAI 的安装过程,并给出编辑器的环境配置及大模型 API 的申请步骤。

11.2.1　安装 Anaconda

下载 Anaconda 安装包如图 6-3 所示。

打开 Anaconda Navigator,可以看到命名为 base 的 Python 解释器,如图 11-3 所示。

在环境变量中加入如下路径。

```
.\Anaconda
.\Anaconda\libs
.\Anaconda\Scripts
.\Anaconda\DLLs
.\Anaconda\pkgs
.\Anaconda\Library
.\Anaconda\Library\bin
```

其中.\仅代表相对路径,实际需要以 Anaconda 安装路径进行修正。

11.2.2　安装 Tkinter 和 OpenAI 库

以管理员身份运行 Anaconda Powershell Prompt,输入 python -V,如图 11-4 所示。

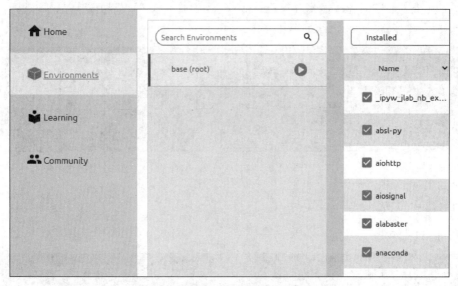

图 11-3　Anaconda 自带的 Python 解释器(默认命名为 base)

图 11-4　查看 base 的 Python 版本

如果 Python 版本为 3.9.13,是可使用的版本。

使用 pip 安装 OpenAI 和 Tkinter 库,命令如下。

```
pip install -- upgrade pip
pip install openai == 0.28
pip install tkinter
```

11.2.3　编辑器环境配置

使用 VS Code 作为编辑器,并在 VS Code 内安装 Python 插件配置。

在扩展中搜索 Python 后安装 Python 插件,如图 11-5 所示。

使用.ipynb 文件进行分块调试,安装 Jupyter 插件如图 11-6 所示。

图 11-5　搜索并安装 Python 插件

图 11-6　搜索并安装 Jupyter 插件

①在顶端搜索栏中选择显示并运行命令（使用快捷键 Ctrl+Shift+P）；②选择已经安装的 Python 解释器，如图 11-7 所示。

图 11-7　选择 Python 解释器

11.2.4　大模型 API 申请

OhMyGPT 注册界面如图 11-8 所示。

图 11-8　OhMyGPT 注册界面

设置 API 密钥如图 11-9 所示。

图 11-9　设置 API 密钥

在账单/充值中查询消费记录，如图 11-10 所示。

项目11　情绪分析

图 11-10　OhMygptGPT 消费记录

11.3　系统实现

本项目使用 Python 开发环境搭建 Web 项目，文件结构如图 11-11 所示。

图 11-11　文件结构

11.3.1　guitest.ipynb

测试图形化界面的相关代码见"代码文件 11-1"。

11.3.2 omgtest.ipynb

测试提问→回答单次动作的相关代码见"代码文件 11-2"。

11.3.3 omgloop.ipynb

测试提问→回答循环动作的相关代码见"代码文件 11-3"。

11.3.4 main.py

main.py 的相关代码见"代码文件 11-4"。

11.4 功能测试

本部分包括运行项目、发送问题及响应。

11.4.1 运行项目

运行 main.py，聊天窗口如图 11-12 所示。

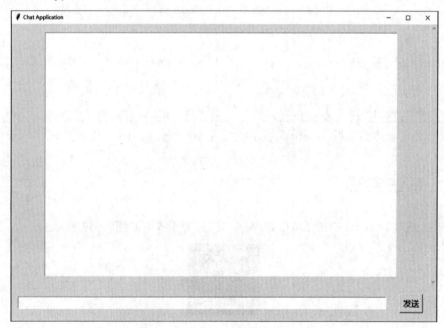

图 11-12 聊天窗口

11.4.2 发送问题及响应

输入问题后单击"发送"，如图 11-13 和图 11-14 所示。

图 11-13 输入问题

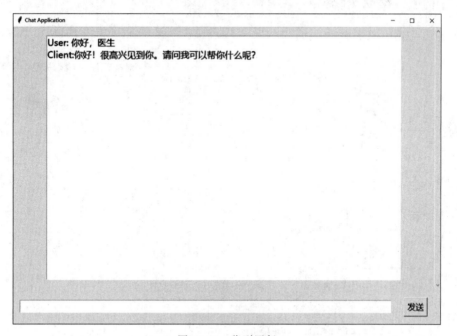

图 11-14 收到回复

项目 12 文字转图像

本项目通过 Python 搭建网页，使用 PyWebIO 库编辑网页结构，根据百度智能云千帆大模型调用开放的 API，实现自定义风格并得到与文字描述相符的图像。

12.1 总体设计

本部分包括整体框架和系统流程。

12.1.1 整体框架

整体框架如图 12-1 所示。

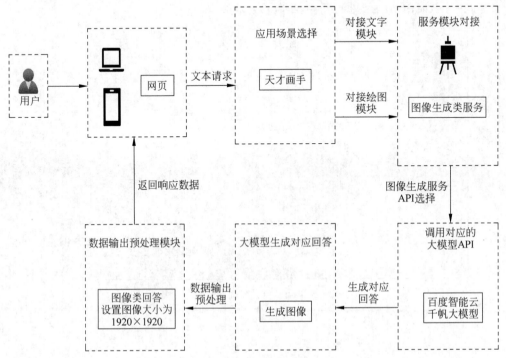

图 12-1 整体框架

12.1.2 系统流程

系统流程如图12-2所示。

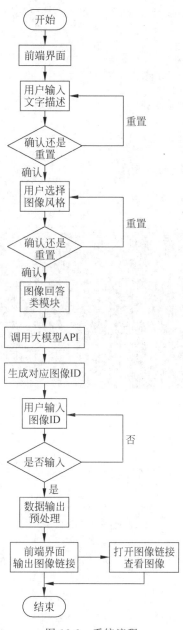

图12-2 系统流程

12.2 开发环境

本节包括 Python、PyCharm 和 PyWebIO 的安装过程及大模型 API 的申请步骤。

12.2.1 安装 Python

安装 Python 过程参见 10.2.1 节,本项目使用 Python 3.7.4 版本。

12.2.2 安装 PyCharm

安装 PyCharm 过程参见 1.2.1 节。

12.2.3 安装 PyWebIO 库

打开 cmd 命令行,输入 pip install pywebio,如图 12-3 所示。

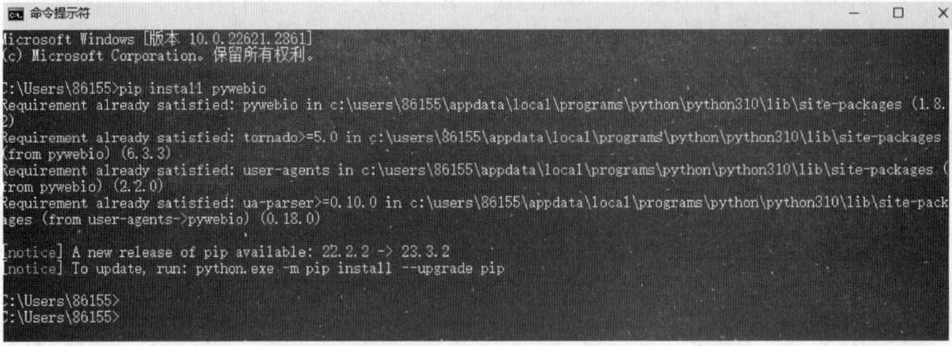

图 12-3　安装 PyWebIO 库

12.2.4 大模型 API 申请

百度智能云千帆大模型 API 申请过程参见 1.2.4 节。

12.3 系统实现

本部分包括获取鉴权参数和主程序。

12.3.1 获取鉴权参数

获取 Access-token 鉴权参数的相关代码见"代码文件 12-1"。

12.3.2 主程序

在主程序中引入 PyWebIO 库的相关代码见"代码文件 12-2"。

12.4 功能测试

本部分包括运行项目、发送问题及响应。

12.4.1 运行项目

(1) 进入项目文件夹：AI_draw demo。
(2) 运行项目主程序：AI_draw。

12.4.2 发送问题及响应

输入文字描述，如图 12-4 所示。

图 12-4　输入文字描述

单击"提交"后选择图像风格（写实风格、二次元、古风等），如图 12-5 所示。

图 12-5　选择图像风格

输入图像 ID，如图 12-6 所示。

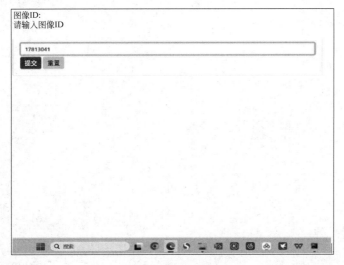

图 12-6　输入图像 ID

打开链接,显示结果如图 12-7 所示。

图 12-7　显示结果

项目 13

足 球 资 讯

本项目使用 Python 语言,运用 PyQt5 库进行样式设计,根据讯飞星火认知大模型调用开放的 API,获取足球资讯。

13.1 总体设计

本部分包括整体框架和系统流程。

13.1.1 整体框架

整体框架如图 13-1 所示。

项目 13
教学资源

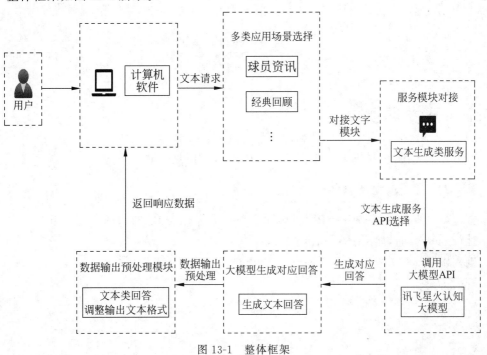

图 13-1 整体框架

13.1.2 系统流程

系统流程如图 13-2 所示。

图 13-2 系统流程

13.2 开发环境

本节介绍 Python 库的安装过程和大模型 API 的申请步骤。

13.2.1 安装 Python 库

在计算机桌面按下"Win+R"按键,输入 cmd 后单击"确定",如图 13-3 所示。
运行 cmd 界面,如图 13-4 所示。
输入以下命令并按回车键开始安装 Python 库。

```
pip install PyQt5
pip install PyQt5-tools
pip install asyncio
```

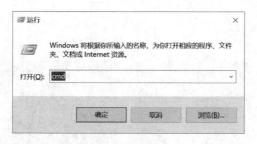

图 13-3 下载 Python 库

图 13-4 运行 cmd

13.2.2 大模型 API 申请

讯飞星火认知大模型 API 申请过程参见 2.2.6 节。

13.3 系统实现

本项目使用 Python 语言搭建 Web 项目,文件结构如图 13-5 所示。

13.3.1 soccerhelper.py

soccerhelper.py 的相关代码见"代码文件 13-1"。

13.3.2 mainWindow.py

mainWindow.py 的相关代码见"代码文件 13-2"。

图 13-5 文件结构

13.3.3 SparkAPI.py

SparkAPI.py 的相关代码见"代码文件 13-3"。

13.4 功能测试

本部分包括运行项目、发送问题及响应。

13.4.1 运行项目

在 PyCharm 中打开本项目,进入 soccerhelper.py 文件后右击运行即可,运行结果如

图 13-6 所示。

图 13-6 运行结果

13.4.2 发送问题及响应

单击"球员资讯"按钮,输入"卡卡",然后单击"提交"按钮,收到的答案显示在文本框内,如图 13-7 所示。

图 13-7 球员资讯界面

单击"经典回顾"按钮，输入"曼城"，然后单击"提交"按钮，收到的答案显示在文本框内，如图13-8所示。

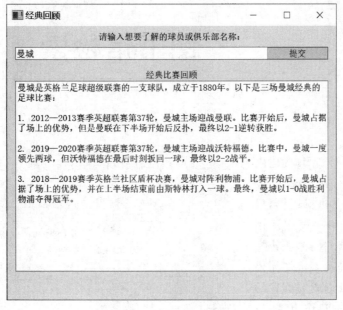

图 13-8　经典回顾界面

项目 14 图书馆检索

本项目通过 HTML 构建内容、使用 CSS 进行样式设计、运用 JavaScript 建立执行逻辑，根据百度智能云千帆大模型调用开放的 API，将获取的语音转换为文字，为用户提供人机交互界面，实现更新和查询图书信息的功能，提高用户工作和服务效率。

项目 14
教学资源

14.1 总体设计

本部分包括整体框架和系统流程。

14.1.1 整体框架

整体框架如图 14-1 所示。

14.1.2 系统流程

系统流程如图 14-2 所示。

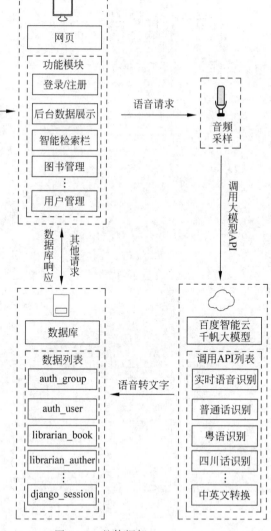

图 14-1 整体框架

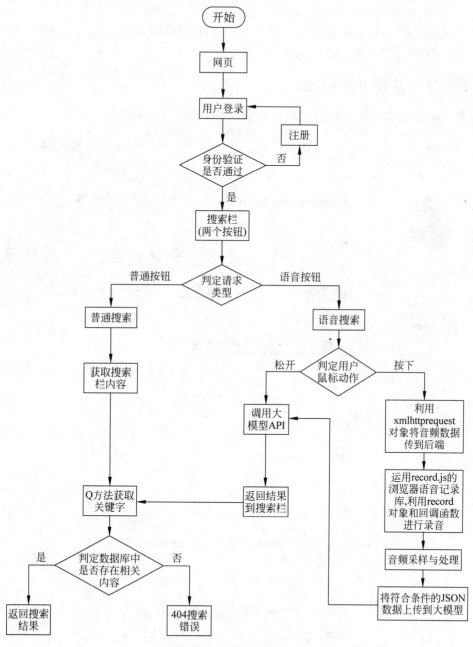

图 14-2　系统流程

14.2 开发环境

本节包括 PyCharm 的安装过程，创建 Python 的虚拟环境，给出安装所需要的依赖环境配置，创建一个项目并介绍大模型 API 的申请步骤。

14.2.1 安装 PyCharm

下载 PyCharm，如图 14-3 所示，按照提示进行操作即可安装成功。

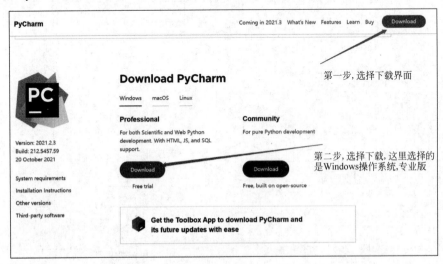

图 14-3　下载 PyCharm

查看 PyCharm 安装路径如图 14-4 所示。

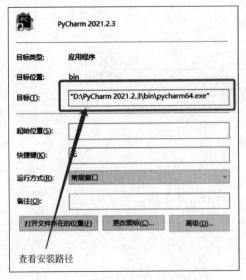

图 14-4　查看 PyCharm 安装路径

复制安装路径,完成环境变量配置,如图 14-5 所示。

图 14-5　完成环境变量配置

14.2.2　创建 Python 虚拟环境

创建 Python 虚拟环境的步骤如下:①输入 cmd 命令行;②输入 pip install virtualenv;③安装 virtualenv 包,如图 14-6 所示。

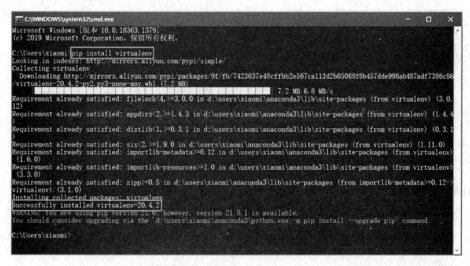

图 14-6　安装 virtualenv 包

查找地址栏步骤如下：①在本地创建 Pythonproject 文件夹；②在地址栏中输入 cmd，打开命令行；③输入 virtualenv projectenv，如图 14-7 所示。

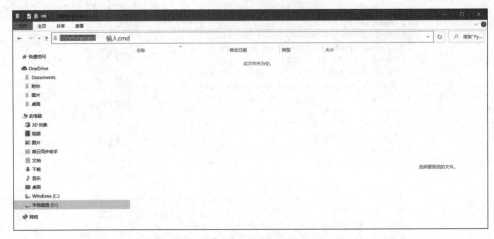

图 14-7　查找地址栏

在命令行输入 virtualenv projectenv，如图 14-8 所示。

图 14-8　输入 virtualenv projectenv

找到 activate.bat 文件激活虚拟环境，如图 14-9 所示。

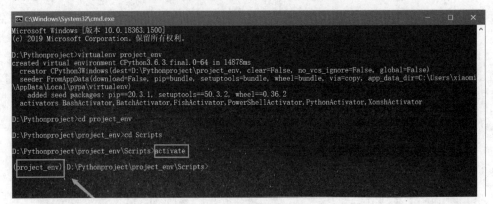

图 14-9　激活虚拟环境

安装 Django、PymySQL 和 Faker，命令如下。

Pip install Django

```
Pip install PymySQL
pip install Faker
```

安装依赖环境如图 14-10 所示。

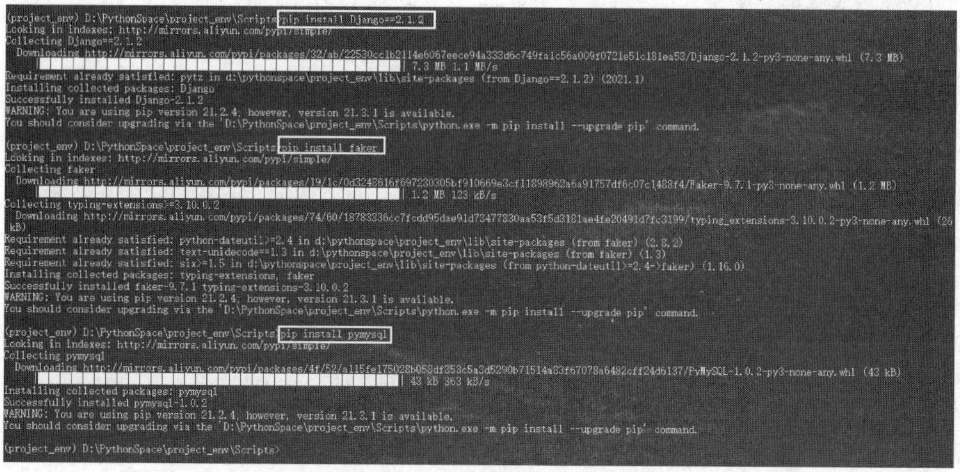

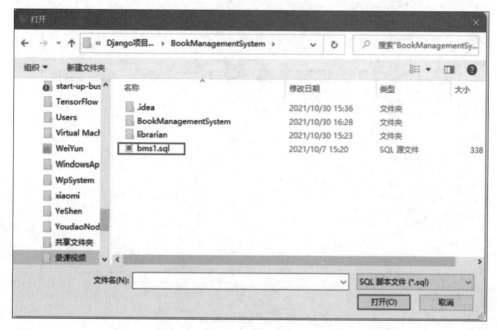

图 14-10　安装依赖环境

14.2.3　安装数据库

图书检索系统需要一定的数据，获得数据后将数据存放在数据库中，MySQL 可视化工具导入数据的步骤如下。

使用 Navicat 可视化工具如图 14-11 所示，打开数据库结果如图 14-12 所示。

图 14-11　使用 Navicat 可视化工具

图 14-12　打开数据库结果

14.2.4　创建项目

步骤1：下载项目源码到本地。

步骤2：解压项目源码压缩包到配置 Python 环境的 Pythonproject 文件夹中，如图 14-13 所示。

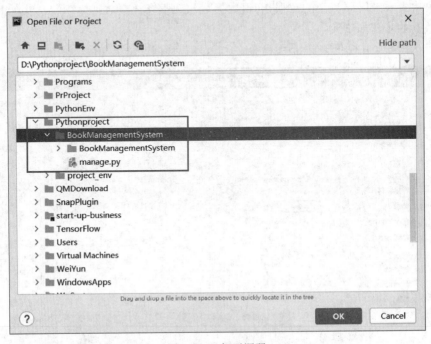

图 14-13　打开源码

步骤3：打开 PyCharm，单击 Open，选择项目文件夹。

单击 File，选择 Settings，如图 14-14 所示。

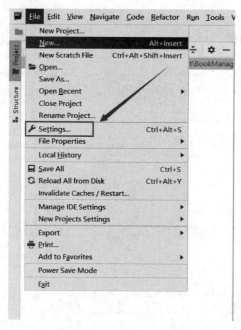

图 14-14　选择 Settings

依次单击 Python Interpreter→Show All，打开环境配置，如图 14-15 所示。

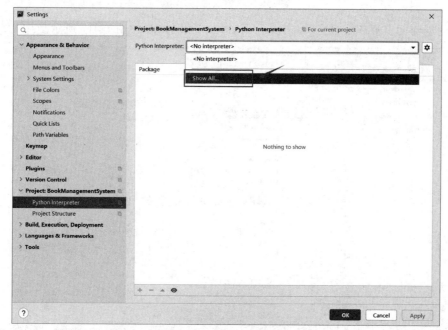

图 14-15　打开环境配置

添加虚拟环境，选择 Existing environment，如图 14-16 所示。

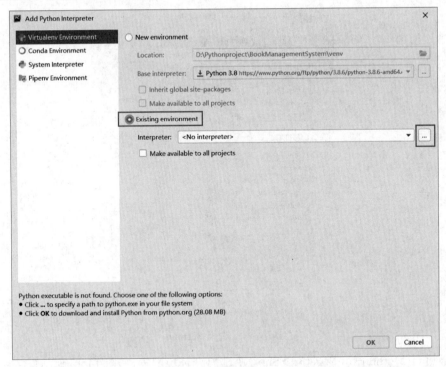

图 14-16　添加虚拟环境

找到创建的虚拟环境，选择 python.exe，单击 OK 按钮，如图 14-17 所示。

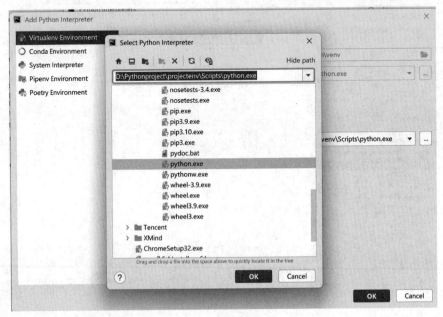

图 14-17　虚拟环境

完成虚拟环境配置如图 14-18 所示。

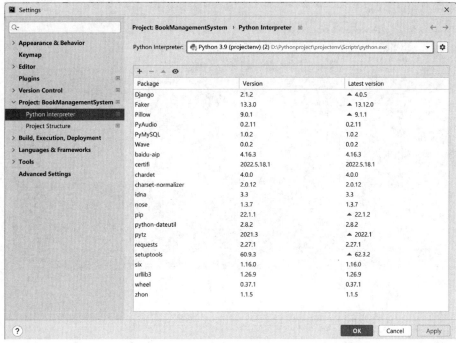

图 14-18　完成虚拟环境配置

虚拟环境配置完成后，运行 manage.py 文件即可，如图 14-19 所示，Web 网页如图 14-20 所示。

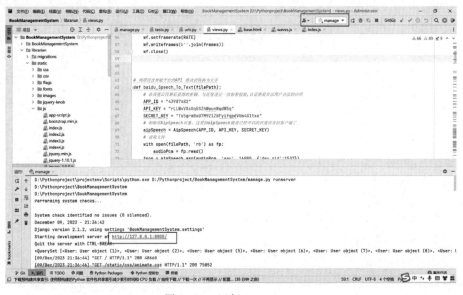

图 14-19　运行 manage.py

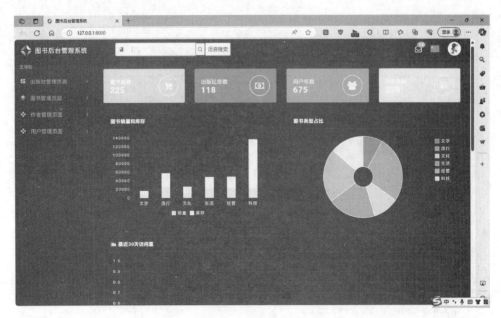

图 14-20　Web 网页

14.2.5　大模型 API 申请

百度智能云千帆大模型首页如图 14-21 所示。

图 14-21　百度智能云千帆大模型首页

注册界面如图 14-22 所示。
登录后需要进行实名认证，在产品服务中找到语音技术，如图 14-23 所示。
单击"免费尝鲜"中的"去领取"，如图 14-24 所示。
领取免费资源界面如图 14-25 所示。
在应用列表中单击"创建应用"，如图 14-26 所示。
填写创建应用的相关信息，如图 14-27 所示。
创建应用成功后，可以查看 API 服务的密钥，包括 AppID、API Key 和 Secret Key，并

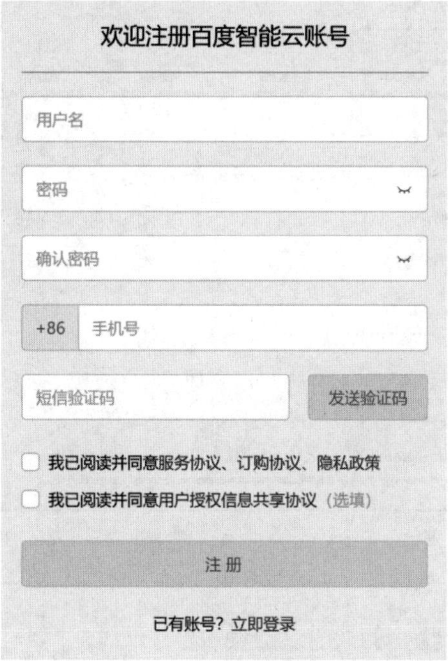

图 14-22　注册界面

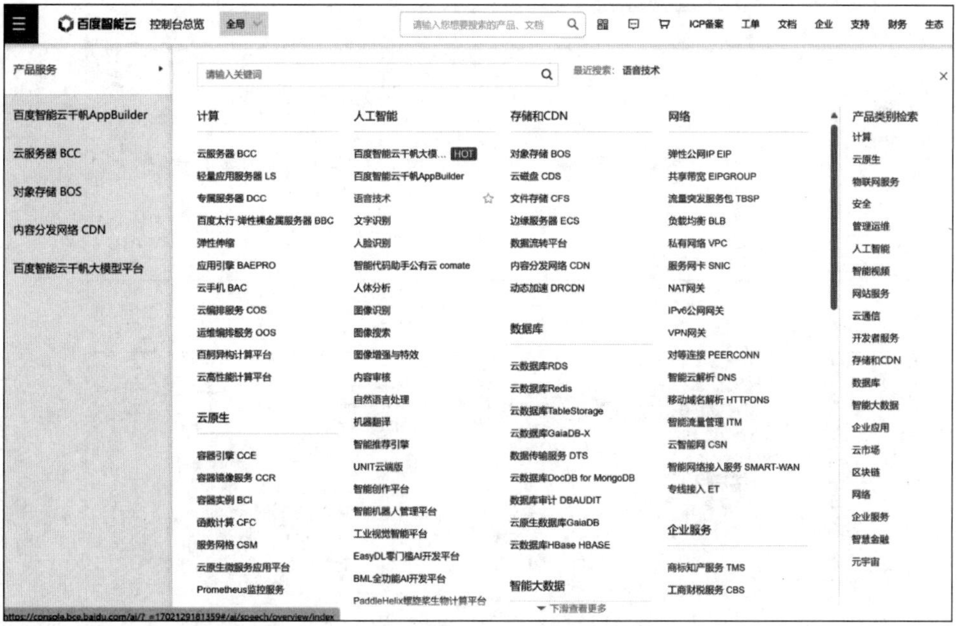

图 14-23　语音技术

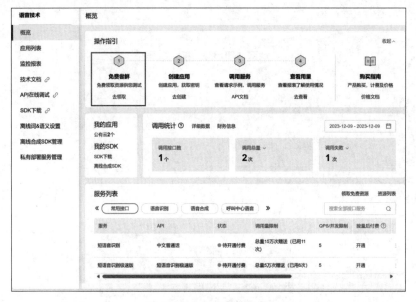

图 14-24　单击免费尝鲜

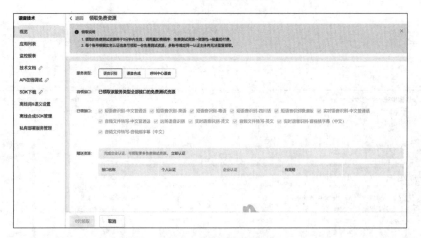

图 14-25　领取免费资源

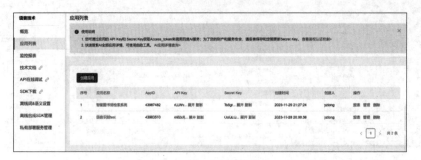

图 14-26　应用列表

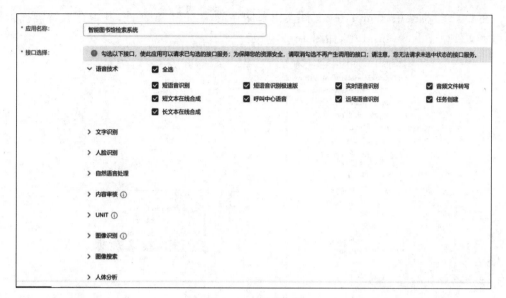

图 14-27　创建应用

填写到 view.py 的 baidu_Speech_To_Text 函数中，进行 API 的调用，如图 14-28 所示。

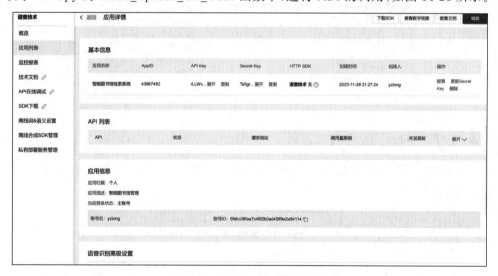

图 14-28　查看 API 服务的密钥

14.3　系统实现

本项目使用 Python 语言，利用 Django 框架搭建 Web 网页，文件结构如图 14-29 所示。

views.py 为视图函数，常用于 Web 发送请求与 Web 网页响应，包含全部重要的功能函数，如音频采样、大模型 API 的调用等。

在 Django 框架中，templates 文件夹用来储存前端 HTML 文件，其中存放智能搜索栏的相关文件位于 base.html 中，如图 14-30 所示。

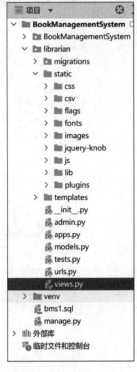

图 14-29　文件结构　　　　　图 14-30　templates 文件夹

14.3.1　前端 HTML 文件

编写 1 个搜索栏和 2 个 Button 键作为前端，搜索栏界面与搜索栏代码如图 14-31 和图 14-32 所示。

图 14-31　搜索栏界面

位于 base.html 文件的后端利用 JavaScript 文件，实现对用户语音搜索的实时响应，相关代码见"代码文件 14-1"。

14.3.2　视图文件 views.py

编写 1 个在线音频采集的函数，用于采集用户发出的语音信息，数据输入格式如表 14-1 所示。

```
{#搜索框#}
<li class="nav-item">
    <form action="{% url "librarian:search" %}" method="post">
        {% csrf_token %}
        <div class="card-body">
            <div class="input-group">
                <div class="input-group-prepend">
                    <span class="input-group-text"><i class="zmdi zmdi-book"></i></span>
                </div>
                <input type="text" name="search_keywords" class="form-control"/>
                <div class="input-group-append">
                    <button class="btn-outline-facebook"><i
                            class="fa fa-search"></i></button>
                    <input id="btn" type="button" value="语音搜索"/>
```

图 14-32 搜索栏代码

表 14-1 数据输入格式

输入方式	数据类型	存储格式
键盘	文字\拼音	JSON
麦克风	音频	WAV

输入音频限制性要求如表 14-2 所示。百度短语音识别可以将 60s 以下的音频识别为文字。接口限制如下：需要上传时长不超过 60s 的录音文件，浏览器由于无法跨域请求百度语音服务器端的域名，因此无法直接调用 API。

表 14-2 输入音频限制性要求

属性	类型	默认值	必填	说明
duration	number	60000	否	百度语音 restapi 最大支持 60s，即这个值不能超过 60000
sampleRate	number	16000	是	可设为 16000 或 8000
numberOfChannels	number	1	是	例如设为 1，单声道
encodeBitRate	number	48000	否	默认值即可，建议 48000，可设为 24000～96000。该值越大，生成文件越大
format	string	aac	否	默认值即可，只支持 AAC 格式，不支持 MP3 格式

（1）支持的音频格式如下：PCM、WAV、AMR 和 M4A。

（2）对音频编码的要求如下：采样率 16000、8000（仅支持普通话模型），16bit 位深，单声道。

（3）支持中文普通话、英语、粤语、四川话的识别。

相关代码见"代码文件 14-2"。

14.4 功能测试

本部分包括成果展示、后端日志监控和大模型 API 调用情况。

14.4.1 成果展示

登录与注册界面如图 14-33 所示。

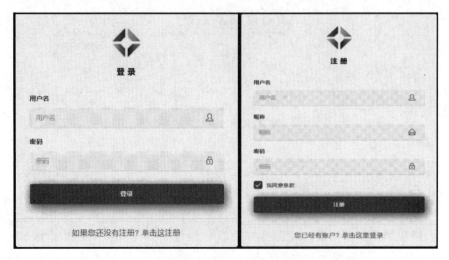

图 14-33　登录与注册界面

添加出版社如图 14-34 所示；出版社列表如图 14-35 所示。

图 14-34　添加出版社

图 14-35　出版社列表

图书管理界面如图 14-36 所示。

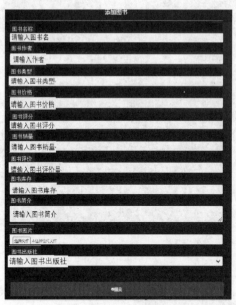

图 14-36　图书管理界面

图形化数据展示界面如图 14-37 所示；最近 30 天访问量监控如图 14-38 所示；图书库存监控如图 14-39 所示。

图 14-37　图形化数据展示

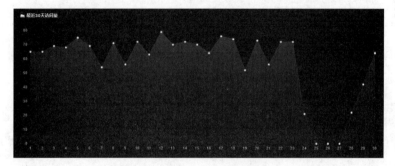

图 14-38　最近 30 天访问量监控

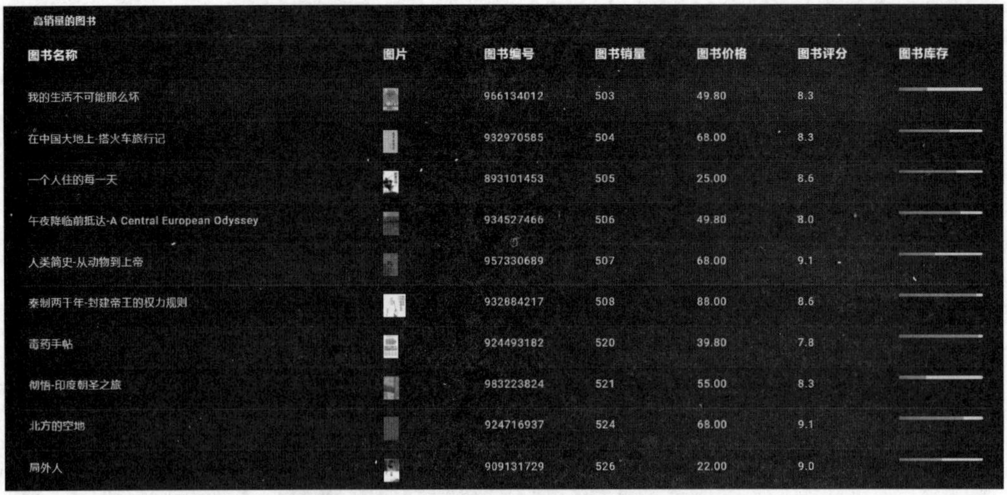

图 14-39 图书库存监控

智能语音检索栏如图 14-40 所示。

图 14-40 智能语音检索栏

14.4.2 后端日志监控

首先注册管理员信息，然后再注册登录日志信息，如图 14-41 所示，后端日志中可以查看网页的全部请求信息。

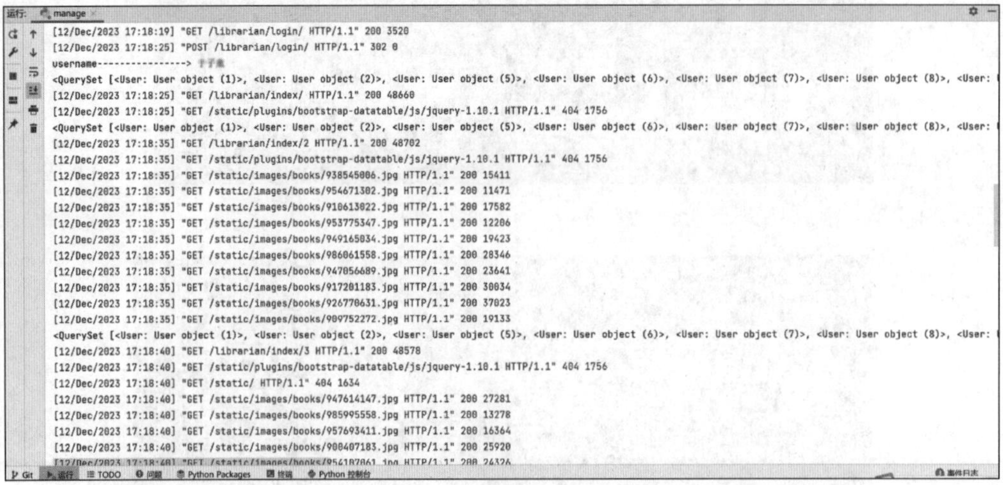

图 14-41 注册登录日志

如果成功调用 API,会返回 Success 信息,响应的 JSON 数据在 Result 中,Result 为一个字符串数据,直接将 Result[0]返回到搜索栏即可,如图 14-42 所示。

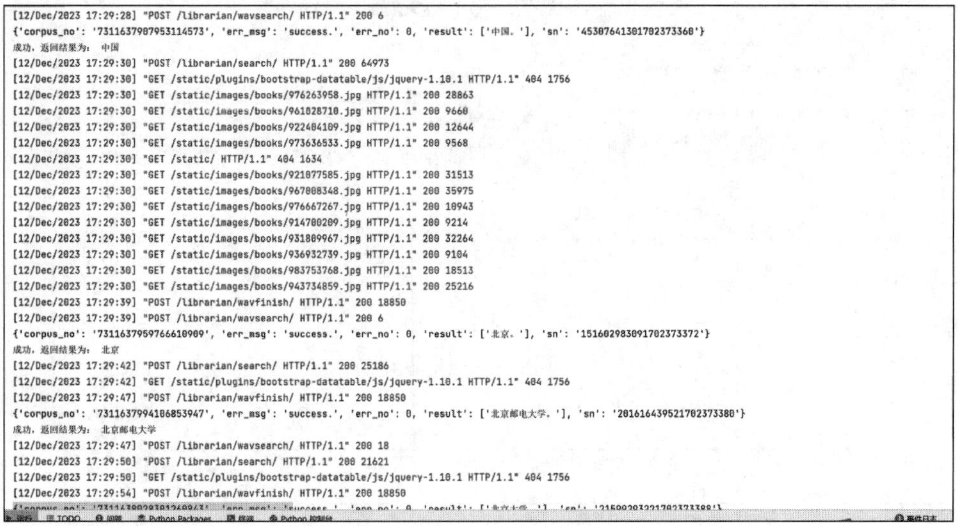

```
[12/Dec/2023 17:29:28] "POST /librarian/wavsearch/ HTTP/1.1" 200 6
{'corpus_no': '7311637987953114573', 'err_msg': 'success.', 'err_no': 0, 'result': ['中国。'], 'sn': '453076413017023733 60'}
成功，返回结果为： 中国
[12/Dec/2023 17:29:30] "POST /librarian/search/ HTTP/1.1" 200 64973
[12/Dec/2023 17:29:30] "GET /static/plugins/bootstrap-datatable/js/jquery-1.10.1 HTTP/1.1" 404 1756
[12/Dec/2023 17:29:30] "GET /static/images/books/976263958.jpg HTTP/1.1" 200 28863
[12/Dec/2023 17:29:30] "GET /static/images/books/961028710.jpg HTTP/1.1" 200 9660
[12/Dec/2023 17:29:30] "GET /static/images/books/922404109.jpg HTTP/1.1" 200 12644
[12/Dec/2023 17:29:30] "GET /static/images/books/973636533.jpg HTTP/1.1" 200 9568
[12/Dec/2023 17:29:30] "GET /static/ HTTP/1.1" 404 1634
[12/Dec/2023 17:29:30] "GET /static/images/books/921077585.jpg HTTP/1.1" 200 31513
[12/Dec/2023 17:29:30] "GET /static/images/books/967008348.jpg HTTP/1.1" 200 35975
[12/Dec/2023 17:29:30] "GET /static/images/books/976667267.jpg HTTP/1.1" 200 10943
[12/Dec/2023 17:29:30] "GET /static/images/books/914700209.jpg HTTP/1.1" 200 9214
[12/Dec/2023 17:29:30] "GET /static/images/books/931809967.jpg HTTP/1.1" 200 32264
[12/Dec/2023 17:29:30] "GET /static/images/books/936932739.jpg HTTP/1.1" 200 9104
[12/Dec/2023 17:29:30] "GET /static/images/books/983753768.jpg HTTP/1.1" 200 18513
[12/Dec/2023 17:29:30] "GET /static/images/books/943734859.jpg HTTP/1.1" 200 25216
[12/Dec/2023 17:29:39] "POST /librarian/wavfinish/ HTTP/1.1" 200 18850
[12/Dec/2023 17:29:39] "POST /librarian/wavsearch/ HTTP/1.1" 200 6
{'corpus_no': '7311637959766610909', 'err_msg': 'success.', 'err_no': 0, 'result': ['北京。'], 'sn': '151602983091702373372'}
成功，返回结果为： 北京
[12/Dec/2023 17:29:42] "POST /librarian/search/ HTTP/1.1" 200 25186
[12/Dec/2023 17:29:42] "GET /static/plugins/bootstrap-datatable/js/jquery-1.10.1 HTTP/1.1" 404 1756
[12/Dec/2023 17:29:47] "POST /librarian/wavfinish/ HTTP/1.1" 200 18850
{'corpus_no': '7311637994106853947', 'err_msg': 'success.', 'err_no': 0, 'result': ['北京邮电大学。'], 'sn': '201616439521702373380'}
成功，返回结果为： 北京邮电大学
[12/Dec/2023 17:29:47] "POST /librarian/wavsearch/ HTTP/1.1" 200 18
[12/Dec/2023 17:29:50] "POST /librarian/search/ HTTP/1.1" 200 21621
[12/Dec/2023 17:29:50] "GET /static/plugins/bootstrap-datatable/js/jquery-1.10.1 HTTP/1.1" 404 1756
[12/Dec/2023 17:29:54] "POST /librarian/wavfinish/ HTTP/1.1" 200 18850
```

图 14-42　API 调用日志

14.4.3　大模型 API 调用情况

API 调用成功后,开发者可以在百度智能云千帆大模型的官网上监控情况,如图 14-43 和图 14-44 所示。

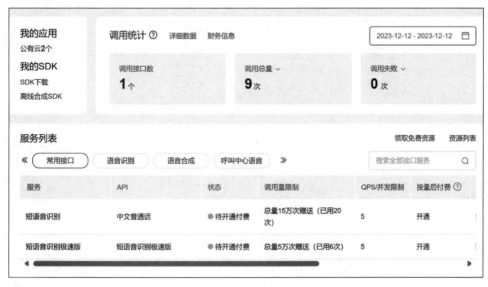

图 14-43　API 调用情况

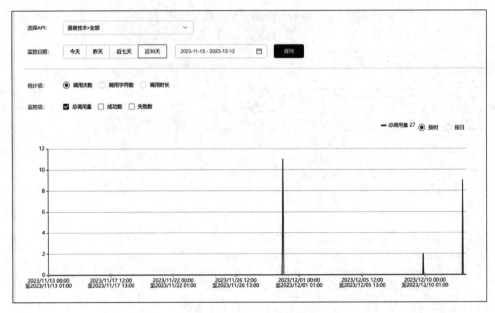

图 14-44　近 30 天监控报表

项目 15

音 色 转 换

本项目基于 Tkinter 模块,使用讯飞星火语音拓展功能,通过深度学习技术,实现将歌曲的音色转换为男声、女声、童声等音频,同时提供各类情感音色,使合成的语音更加接近人声。

15.1 总体设计

本部分包括整体框架和系统流程。

15.1.1 整体框架

整体框架如图 15-1 所示。

项目 15
教学资源

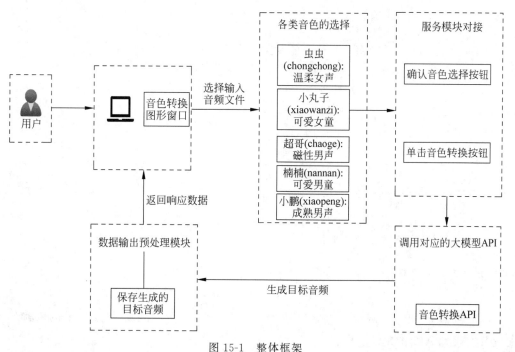

图 15-1 整体框架

15.1.2 系统流程

系统流程如图 15-2 所示。

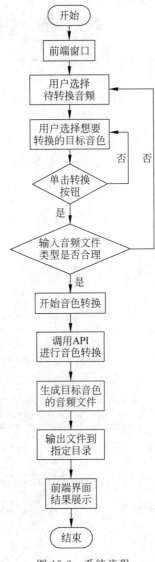

图 15-2 系统流程

15.2 开发环境

本节包括 PyCharm 解释器的配置和 Python 的安装过程,给出项目所需要的依赖环境配置及大模型 API 的申请步骤。

15.2.1 配置 PyCharm 解释器

PyCharm 解释器的配置如图 15-3 所示。

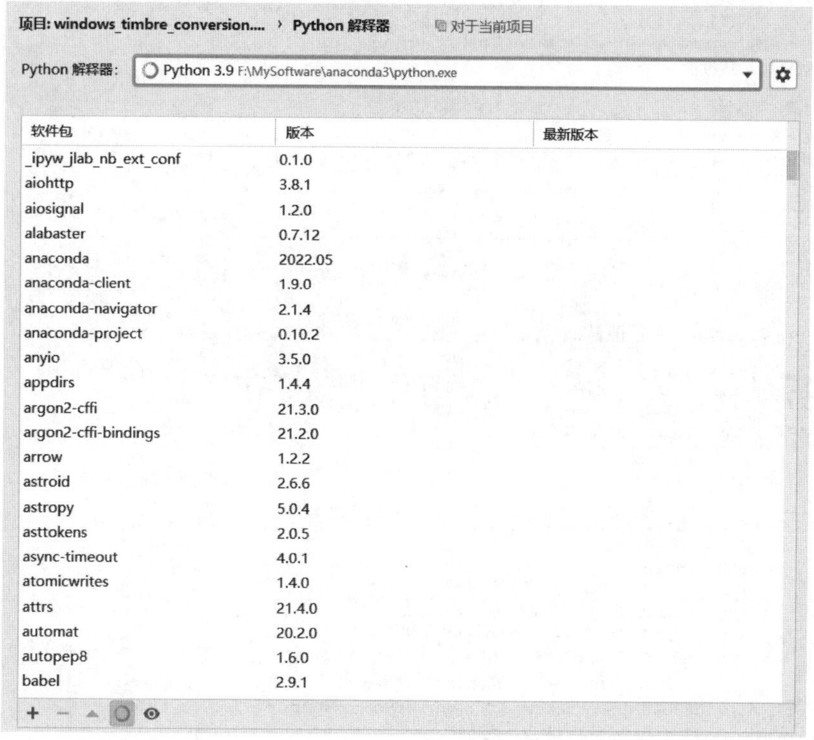

图 15-3　PyCharm 解释器的配置

15.2.2 安装 Python 包

本项目所使用的 IDE 为 PyCharm，解释器使用的是本地环境。requirements.txt 是项目依赖包的管理文件，首次下载后执行 pip3 install -r requirements.txt 命令。

```
bitstring == 3.1.9
chardet == 4.0.0
jsonpath == 0.82
jsonpath_rw == 1.4.0
tabulate == 0.8.9
WebSocket_client == 1.3.2
```

通过 pip install 命令，可安装 Python 包，如图 15-4 所示。

Python 安装其他包的方法，如图 15-5 所示。

15.2.3 环境配置

FFmpeg 压缩包的下载及系统变量的设置如下。

```
import ssl
import _thread as thread

import jsonpath
import websocket

from sample import ne_utils, aipass_client
from data import *

import pydub
from pydub import AudioSegment
pydub.AudioSegment.ffmpeg = "F:\ffmpeg-2023-12-23-git-f5f414d9c4-full_build\bin\ffmpeg.exe"

from lame2mp3 import lame2mp3
```

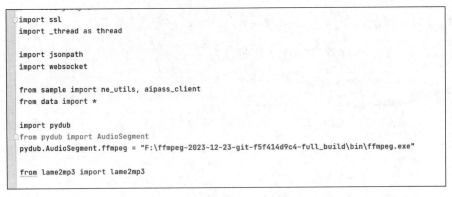

图 15-4 安装 Python 包

```
(base) C:\Users\86173\Desktop\A_Grade_4↑\综合实验\my2\TimbreConversion>pip3 install ssl
```

图 15-5 Python 安装其他包的方法

①在官网下载 FFmpeg 的压缩包；②解压到一个文件夹下，并将其配置到系统的环境变量中。

配置 FFmpeg 包的路径到系统变量，如图 15-6 所示。

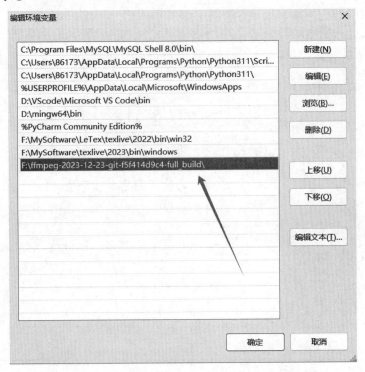

图 15-6 配置 FFmpeg 包的路径到系统变量

依赖环境主要记录在 requirements. txt 文件中。

执行 pip3 install -r requirements.txt 命令，下载安装 requirements.txt 文件中的依赖包。

15.2.4 大模型 API 申请

讯飞星火认知大模型 API 申请参见 2.2.6 节。

调用拓展中的讯飞星火音色转换 API 如图 15-7 所示。

图 15-7 讯飞星火音色转换 API

15.3 系统实现

本项目使用 PyCharm 搭建 Web 项目，文件结构如图 15-8 所示。

图 15-8 文件结构

15.3.1 窗口设计

窗口设计的相关代码见"代码文件 15-1"。

15.3.2 调用音色转换

调用音色转换的相关代码见"代码文件 15-2"。

15.3.3 文件格式转换

文件格式转换的相关代码如下。

```python
import pydub
from pydub import AudioSegment
pydub.AudioSegment.ffmpeg = "F:\ffmpeg-2023-12-23-git-f5f414d9c4-full_build\bin\ffmpeg.exe"
def lame2mp3(input_file = "./resource/output/result.lame"):  # 输入参数,给出缺省时的默认值
    output_file = "output.mp3"
# 读取 lame 文件
    sound = AudioSegment.from_file(input_file, format = "mp3")
# 导出 MP3 文件
    sound.export(output_file, format = "mp3")
    print(
"转换完成,MP3 文件已保存为:", output_file)
```

15.3.4 窗口前端和后端业务逻辑连接

窗口前端和后端业务逻辑连接的相关代码如下。

```python
def select_file():
    file_path = filedialog.askopenfilename()
    # 将选择的音频文件路径赋给 file_path 变量
    entry.delete(0, tk.END)
    entry.insert(0, file_path)
    # 获取所选文件名
    file_name = os.path.basename(file_path)
    original_audio_path = data.request_data["payload"]["input_audio"]["audio"]
    base_path = os.path.dirname(original_audio_path)    # 获取原始路径中的目录
    updated_audio_path = os.path.join(base_path, file_name)
    # 使用新文件名构建更新后的路径
    data.request_data["payload"]["input_audio"]["audio"] = updated_audio_path
    # 更改到 data 的属性值
    # 转换音色
def convert_audio():
    file_path = entry.get()
    selected_timbre = timbres_dict[timbre_var.get()]    # 获取选中的音色
    data.request_data["parameter"]["xvc"]["voiceName"] = selected_timbre
    # 更新请求数据的音色名称
    print(f"选择的音色是:{selected_timbre}")
    # 调用 main 函数实现音频转换功能
    print(f"Converting {file_path} with timbre: {selected_timbre}")
```

```
main()  #调用 main 函数进行音频转换
#音频转换完成后显示提示框
messagebox.showinfo("提示", "你好!你的音色已转换完成")
def get_selected_timbre():
    messagebox.showinfo(
"提示", "你好!你的音色已选择完成")
    return timbres_dict[timbre_var.get()]          #获取选择音色的实际值
```

15.4 功能测试

本部分包括运行项目和项目输出。

15.4.1 运行项目

直接运行 windows_timbre_conversion.py 文件,得到运行窗口,如图 15-9 所示。

图 15-9 运行窗口

输入音频选择,如图 15-10 所示。

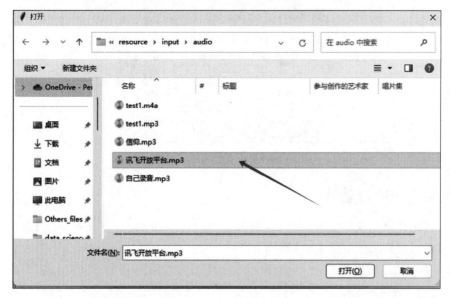

图 15-10 输入音频选择

查找目标音色选择,如图 15-11 所示。

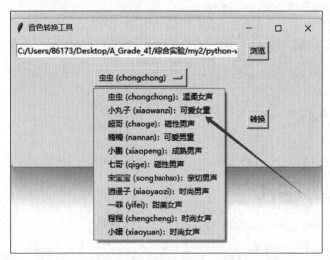

图 15-11　查找目标音色选择

目标音色选择完成界面如图 15-12 示。

图 15-12　目标音色选择完成界面

15.4.2　项目输出

目标音色转换完成界面如图 15-13 所示。

项目输出音频文件如图 15-14 所示。

项目15　音色转换

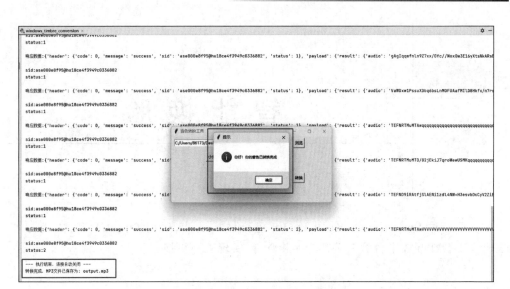

图 15-13　目标音色转换完成界面

图 15-14　项目输出音频文件

项目 16

智能换脸

本项目通过 Python 语言,使用 PyQt5 进行样式设计,运用 OpenCV 库本,基于旷视 Face++人工智能开放平台的人工智能换脸软件,实现人脸更换。

16.1 总体设计

本部分包括整体框架和系统流程。

16.1.1 整体框架

整体框架如图 16-1 所示。

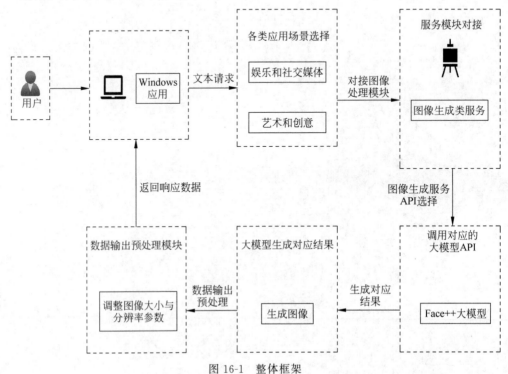

图 16-1 整体框架

16.1.2 系统流程

系统流程如图 16-2 所示。

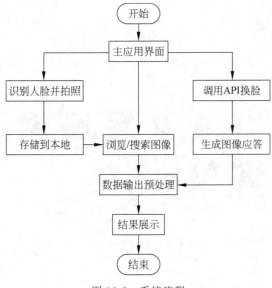

图 16-2 系统流程

16.2 开发环境

本节包括 Python 库的安装过程,创建一个项目并介绍大模型 API 的申请步骤。

16.2.1 安装 Python 库

按 Win+R 键,输入 cmd 打开命令行窗口,如图 16-3 所示。

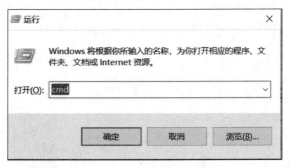

图 16-3 打开命令行窗口

在命令行窗口中输入如下命令安装项目运行所需要的库。

```
pip install pyqt5
```

```
pip install python-opencv
pip install Webbrowser
pip install watchdog
pip install requests
pip install base64
```

16.2.2 创建项目

打开 ChangeFaces 文件夹,进入 APP V1.0,运行 main.py,如图 16-4 所示。

图 16-4 运行 main.py

16.2.3 大模型 API 申请

旷视 Face++首页如图 16-5 所示。

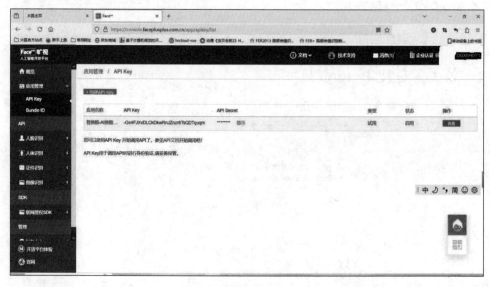

图 16-5 旷视 Face++首页

注册界面如图 16-6 所示。

创建 API Key 如图 16-7 所示。

图 16-6　注册界面

图 16-7　创建 API Key

单击"API 测试申请"后进入 API Key 类型界面,如图 16-8 所示。

图 16-8　API Key 类型界面

工单处理完成界面如图 16-9 所示。

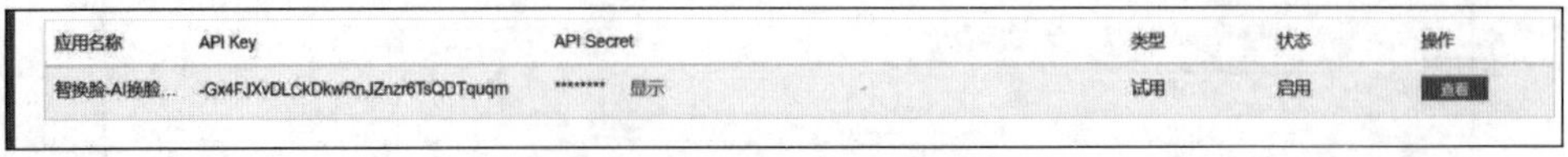

图 16-9　工单处理完成界面

申请通过之后，可查看服务信息，如图 16-10 所示。

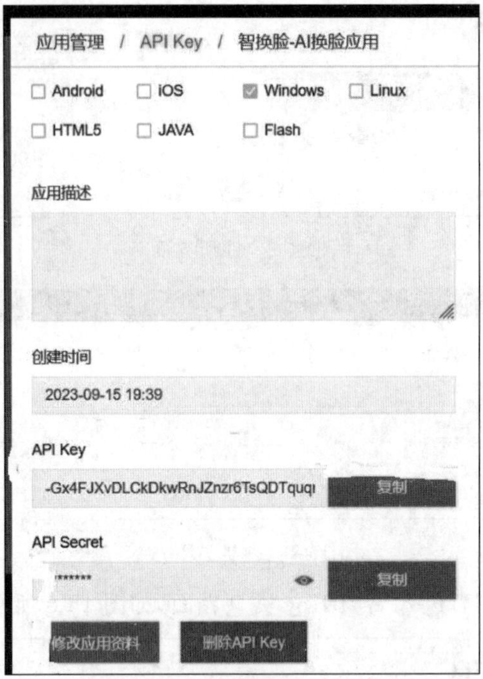

图 16-10　服务信息界面

16.3　系统实现

本项目使用 PyCharm 开发环境搭建 Web 项目，文件结构如图 16-11 所示。

16.3.1　主界面类 DisplayWindow

基于 PyQt5 库的简单图形用户界面，创建名为智能换脸的主窗口 DisplayWindow，其中包含 4 个按钮，每个按钮都连接到不同的功能，详情如下。

（1）DisplayWindow：是一个继承自 QMainWindow 的类，用于创建主窗口。

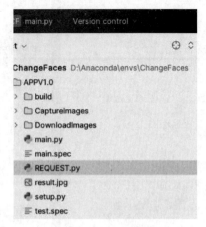

图 16-11　文件结构

（2）__init__：是类的构造函数，在初始化时调用。
（3）initUI：初始化用户界面，设置窗口标题、大小和背景。
（4）setWindowTitle：设置窗口标题为智能换脸。
（5）setGeometry：设置窗口的初始位置和大小。
（6）创建 4 个按钮，分别是 btn_1、btn_2、btn_3 和 btn_4。
（7）clicked.connect：将每个按钮的单击事件连接到相应的函数。
（8）v_layout：是一个垂直布局管理器，用于将 4 个按钮垂直放置在窗口中。
（9）setObjectName：设置窗口对象的名称为 MainWindow，用于后续样式表中的引用。
（10）setStyleSheet：通过样式表设置窗口的背景图像。
（11）goto_pic_page：创建并显示 SecondWindow 窗口，同时隐藏当前窗口。
（12）open_folder：是一个槽函数，当单击选择"本地图像"按钮时触发。它使用 QFileDialog.getOpenFileNam 打开文件对话框，允许用户选择图像文件。选定的图像文件路径存储在 self.file_path 中，并使用 OpenCV（cv2）读取和显示选定的图像。
（13）goto_search_page：创建并显示 ThirdWindow 窗口，同时隐藏当前窗口。
（14）goto_change_page：创建并显示 ForthWindow 窗口，同时隐藏当前窗口。
主界面类 DisplayWindow 的相关代码见"代码文件 16-1"。

16.3.2　子界面 SecondWindow

定义一个名为 SecondWindow 的类，它是继承 QWidget 的窗口部件，包含的元素如下。
（1）窗口标题设置为第二个界面。
（2）return_button：返回到主界面的 DisplayWindow 窗口下。
（3）take_pic：拍照按钮。
（4）save_pic：保存图像。
（5）input_name：输入保存文件的名称。
（6）video_label：显示视频流或拍摄的图像。
（7）v_layout：排列上述的元素。
（8）video_thread：处理视频流。
（9）__init__功能如下：初始化窗口的基本属性包括标题、创建各个按钮、文本框及标签。同时，设置这些属性的单击或输入事件所连接的对应函数和布局管理器，并将上述元素添加到布局中，创建一个 VideoThread 类的实例 video_thread，用于处理视频流。
（10）各函数的作用如下。
① return_to_main_page：返回到主界面 DisplayWindow 窗口并关闭当前界面。
② update_frame：更新 video_label 中显示的图像。
③ start_videoing：开始视频捕获。
④ stop_videoing：停止视频捕获并保存视频帧。

⑤ capture_image：捕获当前帧作为图像并保存。

子界面 SecondWindow 的相关代码见"代码文件 16-2"。

16.3.3　子界面 ThirdWindow

定义一个名为 ThirdWindow 类，它是继承 QWidget 的窗口部件，即搜索界面。元素和功能如下。

(1) 窗口标题设置为搜索界面。

(2) return_button：返回到主界面的 DisplayWindow 窗口下。

(3) keyword_label：显示输入关键词。

(4) keyword_input：输入搜索关键词。

(5) search_button：执行搜索操作。

(6) image_label：显示搜索结果的图像。

(7) v_layout：排列上述的元素。

(8) search_images：执行图像搜索功能，它会获取用户输入的关键词，并使用百度图像搜索引擎的 URL 格式进行搜索。

(9) open_url：打开传入的 URL，使用 Webbrowser 模块打开浏览器来显示搜索结果。

(10) 各函数作用如下。

① return_to_main_page：返回主界面 DisplayWindow 窗口并关闭当前界面。

② search_images：在用户输入中获取关键词，构建百度图像搜索的 URL 并调用 open_url 函数打开搜索结果界面。

③ open_url：尝试使用默认浏览器打开传入的 URL。如果失败，则弹出一个警告对话框显示信息错误。

④ monitoring 和 on_monitor_finished：这两个函数涉及一个名为 MonitorThread 的线程类，用来监视下载图像的文件夹。

子界面 ThirdWindow 的相关代码见"代码文件 16-3"。

16.3.4　子界面 ForthWindow 类

定义一个名为 ForthWindow 的类，它是一个继承自 QWidget 的窗口部件，即换脸界面。元素和功能如下。

(1) 窗口标题设置为换脸界面。

(2) return_button：返回到主界面的 DisplayWindow 窗口下。

(3) target_button 和 host_button：选择目标图像和宿主图像。

(4) change_button：执行换脸操作。

(5) display_label：显示换脸后的结果图像。

(6) v_layout：排列上述元素。

(7) 各函数作用如下。

① return_to_main_page：返回主界面 DisplayWindow 窗口并关闭当前界面。

② select_target：打开文件对话框，允许用户选择目标图像，选择完成后使用 OpenCV（cv2）读取并显示所选图像。

③ select_host：使用 OpenCV 读取并显示所选图像。

④ result_display：创建一个名为 APICaller 的线程实例 api_thread，该线程用于调用换脸 API，需要传入目标图像路径和宿主图像路径。启动线程后，连接 on_api_finished 函数，用于处理调用 API 后的逻辑。

⑤ on_api_finished：在调用 API 后，使用 OpenCV 读取换脸后的图像，然后对图像进行尺寸调整和颜色空间转换；将换脸后的图像转换为 Qt 图像的对象 QImage 和 QPixmap；将结果显示在 display_label 标签上。

子界面类 ForthWindow 的相关代码见"代码文件 16-4"。

16.3.5 线程类 VideoThread

定义一个 VideoThread 类，它继承自 QThread。主要功能是通过调用摄像头，捕获视频流，在检测到人脸时实时展示视频流，并对人脸进行简单的识别与标记。具体方法和功能如下。

（1）__init__：初始化函数，接收 second_window 参数。设置初始变量，如捕获标志（self.flag）和初始化视频捕获对象（self.video_capture）。

（2）run：执行视频捕获和处理逻辑。循环持续地在摄像头捕获帧，对每一帧进行人脸检测和标记，并将处理后的图像以信号的方式发送给界面展示。其中，检测到人脸时，会在人脸周围绘制矩形框，并判断人脸是否正对摄像头。然后，将帧转换成 Qt 可接受的图像格式，通过 video_signal 信号发送给界面展示。

（3）stop：停止视频捕获，将最后捕获到的帧转换成 Qt 可接受的图像格式，通过 video_signal 信号发送给界面展示，然后关闭视频捕获对象并释放资源。

线程类 VideoThread 的相关代码见"代码文件 16-5"。

16.3.6 线程类 APICaller

定义一个名为 APICaller 的类，它继承自 QThread。主要目的是创建一个后台线程，用于调用 REQUEST.py 中的 change_face 函数，该函数用于改变两个图像的脸部特征。在调用完成后，会发出 Finished 信号。具体方法如下。

（1）__init__：接收 file_path1 和 file_path2 文件路径作为参数，并保存到类的实例变量中。

（2）run：执行图像处理的逻辑。调用 REQUEST.change_face 函数传入 file_path1 和 file_path2 中，当发出 Finished 信号时表示处理完成。

（3）Finished 信号：用于通知界面或其他地方处理已经完成。

线程类 APICaller 的相关代码如下。

```python
class APICaller(QThread):
    finished = pyqtSignal()
    def __init__(self, file_path1, file_path2, parent=None):
        super(APICaller, self).__init__(parent)
        self.file_path1 = file_path1
        self.file_path2 = file_path2
    def run(self):
        REQUEST.change_face(self.file_path1, self.file_path2)
        self.finished.emit()
```

16.3.7 线程类 MonitorThread

定义一个名为 MonitorThread 的类,它继承自 QThread,用于在一个单独的线程中监视指定文件夹的变化,作用如下。

(1) __init__: 初始化函数。

(2) run: 创建一个名为 FolderHandler 的 event_handler 和 Observer 的对象 observer。通过 observer.schedule 指定要监视的文件夹路径 folder_path 和事件处理器 event_handler, 并启动观察者。

(3) try-except: 使用 try-except 块捕获 KeyboardInterrupt。在无限循环中, 通过 time.sleep(1) 让线程每秒执行一次, 以持续监视文件夹的变化。

(4) Finished: 这是一个 PyqtSignal 信号, 用于通知线程运行结束。

线程类 MonitorThread 的相关代码如下。

```python
class MonitorThread(QThread):
    finished = pyqtSignal()
    def __init__(self):
        super(MonitorThread, self).__init__()
    def run(self):
        event_handler = FolderHandler()
        observer = Observer()
        folder_path = 'DownloadImages'
        observer.schedule(event_handler, folder_path, recursive=True)
        observer.start()
        print(f"开始监视文件夹: {folder_path}")
        try:
            while True:
                time.sleep(1)
        except KeyboardInterrupt:
            observer.stop()
            observer.join()
        self.finished.emit()
```

16.3.8 其他类 FolderHandler

定义一个名为 FolderHandler 的类,它是 FileSystemEventHandler 类的子类,用于处理监视文件夹过程中的创建事件,目的是在文件夹中检测特定类型的文件,将.Webp 或.jfif 文件转换为.jpg 格式,并在转换后删除原始文件。主要方法和功能如下。

(1) on_created：通过 event.is_directory 判断事件是否是一个目录的创建事件。如果是，则直接返回，不进行任何操作。如果不是，则获取文件的路径 file_path，如果检查到文件的扩展名为.Webp 或.jfif，则执行下一步的转换操作。

(2) convert_Webp_to_jpg：用于将.Webp 或.jfif 文件转换为.jpg 格式。它使用 Python 的图像处理库（Python Image Library，PIL）中 Image.open 方法打开原始图像文件，并检查图像格式是否为.Webp 或.jfif。如果是这两种格式之一，它需创建一个新的.jpg 文件，并将图像转换为.jpg 格式保存在新文件中，然后删除原始文件，返回新生成的.jpg 文件路径。

(3) 在 on_created 函数中，如果文件是指定的.Webp 或.jfif 格式，则会调用 convert_Webp_to_jpg 进行转换，转换后会输出一条消息，提示已转换并删除原始文件。

其他类 FolderHandler 的相关代码如下。

```python
class FolderHandler(FileSystemEventHandler):
    def on_created(self, event):
        if event.is_directory:
            return
        file_path = event.src_path
        print(file_path)
        if file_path.lower().endswith((
'.Webp',
'.jfif')
):
            time.sleep(5)
            jpg_file_path = self.convert_Webp_to_jpg(file_path)
            if jpg_file_path:
                print(f"已转换并删除原始文件：{file_path}")
    def convert_Webp_to_jpg(self, file_path):
        try:
            img = Image.open(file_path)
            if img.format in ('WEBP', 'JFIF'):
                #获取原始文件名和扩展名
                file_name, file_extension = os.path.splitext(file_path)
                jpg_file_path = f"{file_name}.jpg"
                img.save(jpg_file_path, 'JPEG')
                os.remove(file_path)
                return jpg_file_path
        except Exception as e:
            print(f"转换失败：{e}")
            return None
```

16.3.9 requests.py 文件

调用 Face++的人脸识别和图像处理 API，实现人脸合成和美颜功能。

(1) 使用的库和工具如下。

Requests：发送 HTTP 请求和接收 API 响应。
base64：图像数据的编码和解码。
Warnings：处理警告信息。
OpenCV(cv2)：图像处理。
（2）API 相关的凭证如下。
API_Key 和 API_Secret：Face++ API 的认证和授权。
（3）函数作用如下。
find_face(img_path)：通过调用 Face++ 的人脸检测 API(detect)，来识别图像中的人脸并返回其面部参数，包括长、宽、高、低等信息。
Beautify(img_base64)：调用 Face++ 的美颜 API(beautify)，对输入的图像进行美颜处理。
change_face(image_1, image_2, number = 99)：使用 Face++ 的人脸融合 API(mergeface)实现换脸功能。步骤如下：①调用 find_face 函数获取两张图像中人脸的位置参数；②将图像读取为 base64 编码，构建 API 请求的参数信息，包括两张图像的 base64 编码、位置参数和融合比例；③发送 API 请求并获取结果，该结果是融合后图像的 base64 编码；④通过调用 beautify 函数对图像进行美颜处理，将处理后的图像解码为二进制数据，并保存为 result.jpg 文件。

if __name__ == __main__：①调用 change_face 函数，传入两张图像的路径进行人脸融合处理，并保存为 result.jpg 格式；②通过 OpenCV(cv2)读取并展示新生成的图像。

REQUEST.py 文件的相关代码如下。

```python
import requests
import base64
import warnings;warnings.simplefilter('ignore')
import cv2
API_Key = '-Gx4FJXvDLCkDkwRnJZnzr6TsQDTquqm'
API_Secret = 'ZHMwIglSWV6jtyqu-DP4f_ga29KF_rec'
def find_face(img_path):
    url = 'https://api-cn.faceplusplus.com/facepp/v3/detect'
    data = {'api_key': API_Key, 'api_secret': API_Secret, 'image_url': img_path, 'return_landmark': 1}
    files = {'image_file': open(img_path, 'rb')}
    response = requests.post(url, data = data, files = files)
    res_json = response.json()          # 转换为 JSON
    faces = res_json['faces'][0]['face_rectangle']
    # 获取面部大小的 4 个值，分别为长、宽、高、低
    return faces                        # 返回图像的面部参数
def beautify(img_base64):
    url = 'https://api-cn.faceplusplus.com/facepp/v1/beautify'
    data = {'api_key':
```

```python
                          API_Key, 'api_secret':
                          API_Secret, 'image_base64':
                          img_base64, 'whitening':
                          50, 'smoothing':
                          50}
    response = requests.post(url, data = data)
    res_json = response.json()              # 转换为 JSON
    results = res_json['result']
    return results
def change_face(image_1, image_2, number = 99):
    url = "https://api-cn.faceplusplus.com/imagepp/v1/mergeface"
    find_p1 = find_face(image_1)
    find_p2 = find_face(image_2)
    rectangle1 = str(
        str(find_p1['top'])
        + ','
        ' ' + str(find_p1['left'])
        + ','
        ' ' + str(find_p1['width'])
        + ','
        ' ' + str(find_p1['height'])
    )
    rectangle2 = str(
        str(find_p2['top'])
        + ','
        ' ' + str(find_p2['left'])
        + ','
        ' ' + str(find_p2['width'])
        + ','
        ' ' + str(find_p2['height'])
    )
    page1 = open(image_1, 'rb')
    page1_64 = base64.b64encode(page1.read())
    page1.close()
    page2 = open(image_2, 'rb')
    page2_64 = base64.b64encode(page2.read())
    page2.close()
    data = {'api_key':
                          API_Key, 'api_secret':
                          API_Secret, 'template_base64':
                          page1_64,
                          'template_rectangle':
                          rectangle1, 'merge_base64':
                          page2_64, 'merge_rectangele':
                          rectangle2,
                          'merge_rate':
```

```
number}
    response = requests.post(url, data = data).json()
    results = response['result'] # result 是 base64 数据
    image = beautify(results)
    image = base64.b64decode(results)
    new_path = 'D:/Anaconda/envs/ChangeFaces/Images/result.jpg'
    with open(new_path, 'wb') as f:        # 将信息写入图像
        f.write(image)
    print(
"转换完成")
if __name__ == '__main__':
    # beautify('D:/Anaconda/envs/ChangeFaces/Images/5.jpg')

change_face('D:/Anaconda/envs/ChangeFaces/APPV1.0/DownloadImages/04.jpg',
    'D:/Anaconda/envs/ChangeFaces/APPV1.0/CaptureImages/10.jpg')
    img = cv2.imread('Images/result.jpg')
    cv2.imshow("res",img)
    cv2.waitKey()
```

16.4 功能测试

本部分包括运行项目、发送问题及响应。

16.4.1 运行项目

(1) 进入项目文件夹：D:\Anaconda\envs\ChangeFaces\App V1.0。

(2) 运行项目程序：使用 PyCharm 打开其中的 main.py 脚本，并运行主应用界面，如图 16-12 所示。

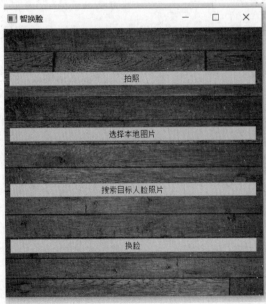

图 16-12　主应用界面

16.4.2 拍照

单击"拍照"按钮后,会自动跳转进入拍照界面,换脸要求脸正对摄像头效果会更好,当出现"OK"时,表明系统已检测到人脸正对摄像头。此时便可以单击"拍照"并为照片命名后存储(命名格式为数字 e.g.01,不需要加后缀),如图 6-13 所示。

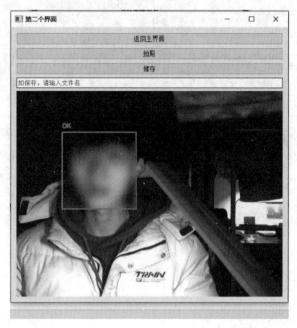

图 16-13 拍照功能

16.4.3 选择本地图像

此功能为预览本地图片的功能,单击后依次选择文件夹→想要预览的图片,如图 6-14 和图 6-15 所示。

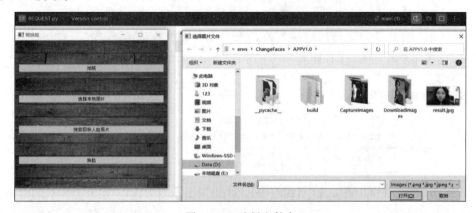

图 16-14 选择文件夹

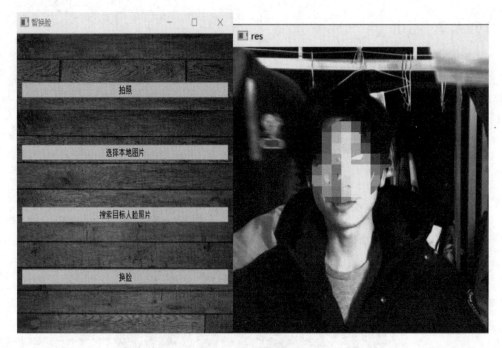

图 16-15　预览图片

16.4.4　搜索目标人脸

搜索功能如图 16-16 所示。

图 16-16　搜索功能

在输入框中输入想将自己的脸换到的其他人身上的姓名，然后单击"百度一下"就会自动跳转到百度图片的搜索界面，如图 16-17 所示。

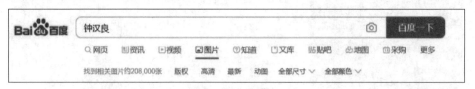

图 16-17　搜索结果

挑选合适的图片另存到本地中，保存路径到 ChangeFaces/App V1.0/DownloadImages 文件夹下，命名为数字（e.g. 02. Webp），如下载文件的格式为. Webp 或. jfif，文件夹监视功能会自动转换成.jpg格式,方便后续的处理。

16.4.5 换脸

换脸功能如图 16-18 所示;单击"选择目标图片"预览,可在 Target 窗口预览网络搜索中下载的图片。

图 16-18 换脸功能

单击"选择宿主图片",可在 host 窗口预览拍照获取图片。单击"换脸",结果会自动保存到项目文件夹 ChangeFaces/App V1.0/Images/result.jpg 中,并在界面上进行展示。

项目 17

留 学 文 书

本项目基于 Vue 框架，根据 WebSocket 建立前后端通信，通过讯飞星火认知大模型提供开放的 API，实现为用户提供留学文书的写作指导的功能。

17.1 总体设计

本部分包括总体框架和系统流程。

17.1.1 整体框架

项目 17
教学资源

整体框架如图 17-1 所示。

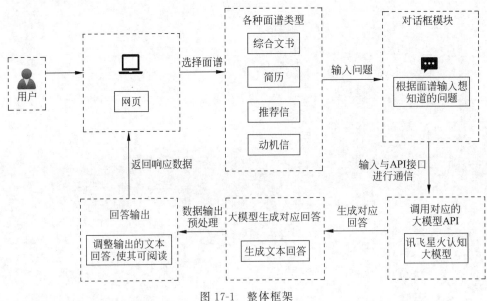

图 17-1 整体框架

17.1.2 系统流程

系统流程如图 17-2 所示。

图 17-2　系统流程

17.2 开发环境

本节包括 Node.js、Vue.js(2.x) 的安装过程和大模型 API 申请的步骤。

17.2.1 安装 Node.js

安装 Node.js 参见 2.2.2 节。

17.2.2 安装 Vue.js

本项目使用的是 Vue2，首先打开 cmd，然后输入 npm install vue -g 指令。输入 npm info vue 指令检查是否安装完成。

17.2.3 大模型 API 申请

讯飞星火认知大模型 API 申请参见 2.2.6 节。

17.3 系统实现

本项目使用 PyCharm 开发环境搭建 Web 项目,文件结构如图 17-3 所示。

图 17-3 文件结构

17.3.1 API.js

生成鉴权 URL 的相关代码如下。

```javascript
export const getWebsocketUrl = () => {
    return new Promise((resovle, reject) => {
        let url = "wss://spark-api.xf-yun.com/v3.1/chat";
        let host = "spark-api.xf-yun.com";
        let apiKeyName = "api_key";
        let date = new Date().toGMTString();
        let algorithm = "hmac-sha256";
        let headers = "host date request-line";
        let signatureOrigin = `host: ${host}\ndate: ${date}\nGET /v3.1/chat HTTP/1.1`;
        let signatureSha = CryptoJs.HmacSHA256(signatureOrigin, requestObj.APISecret);
        let signature = CryptoJs.enc.Base64.stringify(signatureSha);
         let authorizationOrigin = `${apiKeyName}="${requestObj.APIKey}", algorithm="${algorithm}", headers="${headers}", signature="${signature}"`;
        let authorization = base64.encode(authorizationOrigin);
        //将空格编码
url = `${url}?authorization=${authorization}&date=${encodeURI(date)}&host=${host}`;
        resovle(url)
    })
}
```

17.3.2 headBar.vue

为用户设定联系方式及开启新聊天的相关代码如下。

```html
<template>
    <div class="head-bar">
    //个人信息展示
    <el-button type="text" @click="dialogVisible = true">Contact Me</el-button>
    <el-dialog
```

```
        title="Contact Me"
        :visible.sync="dialogVisible"
        width="30%"
    >
      <div class="contact-items">
        <span>Zoe</span>
        <span>2020210120</span>
        <span>Github:https://github.com/Zouu-X</span>
      </div>
      <span slot="footer" class="dialog-footer">
        <el-button @click="dialogVisible = false">取消</el-button>
        <el-button type="primary" @click="dialogVisible = false">确定</el-button>
      </span>
    </el-dialog>
    <span>留学文书小助手</span>
      <el-button class="style-change" @click="newChatEvent">New Chat</el-button>
  </div>
</template>
```

17.3.3　index.vue

选择面谱、接收输入，回显输入/输出的相关代码如下。

```
<template>
  <main>
    <div class="main-body">
        <div class="chat-container">
      <div class="chat-messages">
        <div
            v-for="(message, index) in messages"
            :key="index"
            class="msg-group"
            v-if="!message.invisible"  //部分信息不可见
        >
            <div class="msg-head">
              <span v-if="message.role === 'user'">user</span>
              <span v-else-if="message.role === 'assistant'">AI</span>
            </div>
            <div
              class="message"
              :class="{ 'my-message': message.role === 'user'}"
            >
              {{ message.content }}
            </div>
        </div>
      </div>
      //输入框
      <el-input
        style="width: 650px; margin-top: 20px;"
```

```
                type = "text"
                placeholder = "请输入内容"
                v-model = "textInput"
                @keyup.enter.native = "Submit"
            >
                <el-button slot = "append" icon = "el-icon-thumb" @click = "Submit"/>
            </el-input>
            <div class = "mod-choose">
                //选择面谱
                <el-radio-group
                    v-model = "radio"
                    @input = "inputListener"
                    style = "margin-top: 30px;"
                >
                    <el-radio-button label = "全部文书"></el-radio-button>
                    <el-radio-button label = "简历"></el-radio-button>
                    <el-radio-button label = "动机信"></el-radio-button>
                    <el-radio-button label = "推荐信"></el-radio-button>
                </el-radio-group>
                <el-button class = "mod-button" @click = "modConfirm">确认</el-button>
            </div>
        </div>
    </main>
</template>
```

17.3.4　App.vue

整合组件后的完整启动文件及网页的整体呈现的相关代码如下。

```
<template>
    <div class = "main" id = "mainPage">
        <head-bar @newChatEvent = "handleChatEvent" />
        <main-page :goNewChat = "goNewChat" />
    </div>
</template>
```

17.4　功能测试

本部分包括运行项目、发送问题及响应。

17.4.1　运行项目

（1）启动指令：npm run serve。
（2）留学文书小助手初始化界面如图17-4所示。

17.4.2　发送问题及响应

输入问题后会收到回复，如图17-5所示。

图 17-4　留学文书小助手初始化界面

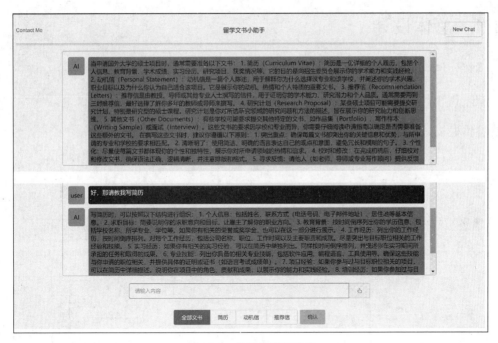

图 17-5　发送问题及响应

项目 18

宠 物 帮 手

本项目通过 HTML 编写内容,使用 CSS 进行样式设计,运用 JavaScript 建立执行逻辑,根据讯飞星火认知大模型调用开放的 API,获取关于宠物的专业建议和指导的知识。

18.1 总体设计

本部分包括整体框架和系统流程。

项目 18
教学资源

18.1.1 整体框架

整体框架如图 18-1 所示。

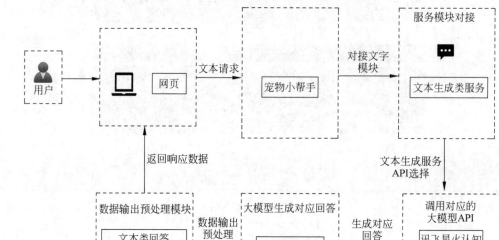

图 18-1 整体框架

18.1.2 系统流程

系统流程如图 18-2 所示。

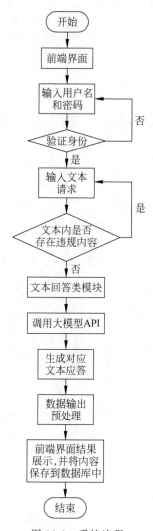

图 18-2 系统流程

18.2 开发环境

本节包括 Node.js 和 pnpm 的安装过程,给出所需要的依赖环境配置,创建一个项目并介绍大模型 API 的申请步骤。

18.2.1 安装 Node.js

安装 Node.js 参见 2.2.2 节。

18.2.2 安装 pnpm

安装 pnpm 参见 7.2.2 节。

18.2.3 环境配置

项目所需的依赖环境配置参见 7.2.4 节。

18.2.4 创建项目

(1) 新建项目文件夹，进入文件夹后打开 cmd，使用 pnpm 创建项目，命令如下。

```
pnpm create vite
```

(2) 输入项目的名称。

```
Project name:xinghuo_demo
```

(3) 选择项目的框架。

```
Select a framework: >> Vue
```

(4) 选择 JavaScript 语言。

```
Select a variant: >> JavaScript
```

(5) 项目存放在 Scaffolding project in D:\桌面\xinghuo_project\xinghuo_demo 目录下。

(6) 按照提示的命令运行项目，其中，pnpm install 是构建项目，pnpm run dev 是运行项目。

```
cd xinghuo_demo
pnpm install
pnpm run dev
VITE v4.4.5 ready in 1066 ms
Local:http://localhost:5173/
Network:use -- host to expose
press h to show help
```

18.2.5 大模型 API 申请

讯飞星火认知大模型 API 申请参见 2.2.6 节。

18.3 系统实现

本项目使用 Vite 框架搭建 Web 项目，文件结构如图 18-3 所示。

18.3.1 头部< head >

定义文档字符的相关代码见"代码文件 18-1"。

项目18 宠物帮手

图 18-3 文件结构

18.3.2 样式 style.css

定义网页 CSS 样式的相关代码见"代码文件 18-2"。

18.3.3 样式 one.css

网页样式显示效果如图 18-4 所示。相关代码见"代码文件 18-3"。

图 18-4 网页样式显示效果

18.3.4 主体< body >

index.html 文件的相关代码见"代码文件 18-4"。

18.3.5 其余文件的主体< body >

Introduce 网页样式实现效果如图 18-5 所示,相关代码见"代码文件 18-5"。

图 18-5　Introduce 网页样式实现效果

Picture 网页样式实现效果如图 18-6 所示,相关代码见"代码文件 18-6"。

18.3.6　main.js 脚本

WebSocket 的事件及描述如图 18-7 所示,相关代码见"代码文件 18-7"。

请求参数详情可参考星火认知大模型 WebAPI 文档,如图 18-8 所示。

根据讯飞星火认知大模型开放平台通用鉴权 URL 生成说明,进行鉴权的代码撰写,鉴权 URL 代码见"代码文件 18-8"。

图 18-6　Picture 网页样式效果

事件	事件处理程序	描述
open	Socket.onopen	连接建立时触发
message	Socket.onmessage	客户端接收服务端数据时触发
error	Socket.onerror	通信发生错误时触发
close	Socket.onclose	连接关闭时触发

图 18-7　WebSocket 事件及描述

header 部分

字段名	类型	字段说明
code	int	错误码，0 表示正常，非 0 表示出错；详细释义可在接口说明文档最后的错误码说明了解
message	string	会话是否成功的描述信息
sid	string	会话的唯一 id，用于讯飞技术人员查询服务端会话日志使用，出现调用错误时建议留存该字段
status	int	会话状态，取值为[0,1,2]；0 代表首次结果；1 代表中间结果；2 代表最后一个结果

payload.choices 部分

字段名	类型	字段说明
status	int	文本响应状态，取值为[0,1,2]；0 代表首个文本结果；1 代表中间文本结果；2 代表最后一个文本结果
seq	int	返回的数据序号，取值为[0,9999999]
content	string	AI 的回答内容
role	string	角色标识，固定为 assistant，标识角色为 AI
index	int	结果序号，取值为[0,10]；当前为保留字段，开发者可忽略

图 18-8　请求参数详情

18.4　功能测试

本部分包括运行项目、发送问题及响应。

18.4.1　运行项目

(1) 运行项目程序：pnpm run dev。

(2) 单击终端中显示的网址 URL，进入网页，运行如下命令。

VITE v4.4.5　ready in 1015 ms

(3) 终端启动结果如图 18-9 所示；聊天窗口如图 18-10 所示。

图 18-9　终端启动结果

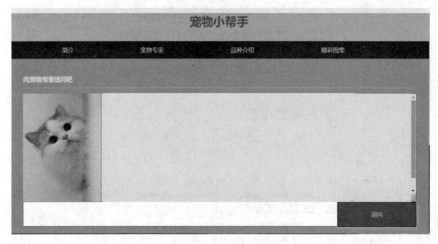

图 18-10　聊天窗口

18.4.2　发送问题及响应

向讯飞星火认知大模型提问：猫咪呕吐的原因，如图 18-11 所示；收到的回复显示在文本框内，如图 18-12 所示。

图 18-11　发送问题

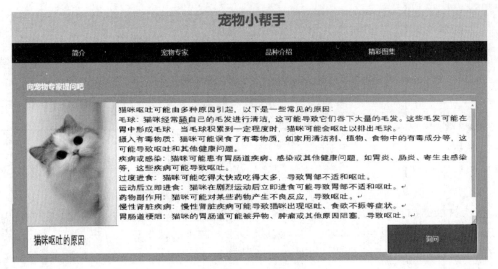

图 18-12　收到回复

项目 19

用 户 评 价

本项目通过百度智能云大模型提供的自然语言处理（Natural Language Processing，NLP）系统，调用评论观点并抽取 API，让系统对用户做出的评价进行分析，得出观点中的积极与消极评价，以此实现对产品进行批量分析的功能。

19.1 总体设计

本部分包括整体框架和系统流程。

19.1.1 整体框架

整体框架如图 19-1 所示。

项目 19
教学资源

19.1.2 系统流程

系统流程如图 19-2 所示。

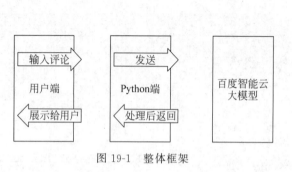

图 19-1 整体框架

图 19-2 系统流程

19.2 开发环境

本节包括 PyCharm 和 Urllib 的安装过程,给出安装所需要的依赖环境配置,创建一个项目并介绍大模型 API 的申请步骤。

19.2.1 安装 PyCharm

安装 PyCharm 参见 1.2.1 节。

19.2.2 安装 urllib

Urllib 中的 Request 模块通过 HTTP 的请求方法,实现发送并得到响应的功能。
在命令指示薄中输入 pip install urllib 指令安装 Urllib。

19.2.3 环境配置

项目所需要的依赖环境配置主要记录在 SSL 和 Urllib 库中。
Python 中的 SSL 库用于实现加密通信,Urllib 库用于操作网页 URL,并对网页的内容进行抓取处理。

19.2.4 创建项目

(1) 打开 PyCharm,新建项目。
(2) 输入项目名称,此处默认为 Main,如图 19-3 所示。

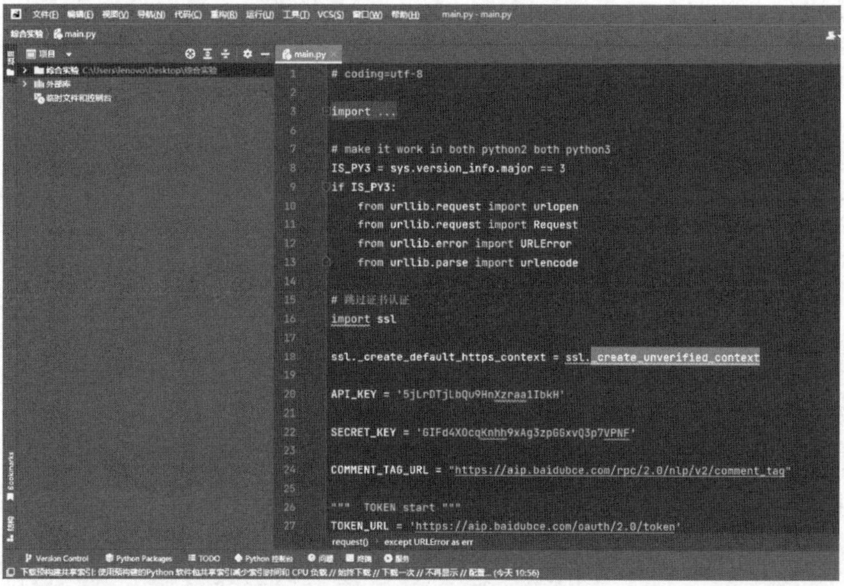

图 19-3 PyCharm 界面

19.3 系统实现

本部分包括导入运行库、获取 Stoken、获取回答及主函数的介绍。

19.3.1 导入运行库

导入运行库的相关代码如下。

```
IS_PY3 = sys.version_info.major == 3
if IS_PY3:
    from urllib.request import urlopen
    from urllib.request import Request
    from urllib.error import URLError
    from urllib.parse import urlencode
```

19.3.2 获取 Stoken

通过 APIKey、Secretkey 与百度智能云大模型应用建立联系,并检测参数是否正确。如果不正确大模型会进行提示。相关代码如下。

```
import ssl
ssl._create_default_https_context = ssl._create_unverified_context
API_KEY = '5jLrDTjLbQu9HnXzraa1IbkH'
SECRET_KEY = 'GIFd4XOcqKnhh9xAg3zpGGxvQ3p7VPNF'
COMMENT_TAG_URL = "https://aip.baidubce.com/rpc/2.0/nlp/v2/comment_tag"
""" TOKEN start """
TOKEN_URL = 'https://aip.baidubce.com/oauth/2.0/token'
def fetch_token():
    params = {'grant_type': 'client_credentials',
              'client_id': API_KEY,
              'client_secret': SECRET_KEY}
    post_data = urlencode(params)
    if (IS_PY3):
        post_data = post_data.encode('utf-8')
    req = Request(TOKEN_URL, post_data)
    try:
        f = urlopen(req, timeout = 5)
        result_str = f.read()
    except URLError as err:
        print(err)
    if (IS_PY3):
        result_str = result_str.decode()
    result = json.loads(result_str)
    if ('access_token' in result.keys() and 'scope' in result.keys()):
        if not 'brain_all_scope' in result['scope'].split(' '):
            print('please ensure has check the ability')
            exit()
```

```
        return result['access_token']
    else:
        print('please overwrite the correct API_KEY and SECRET_KEY')
        exit()
```

19.3.3 获取回答

定义一个获取回答的函数,将大模型返回的数据作为答案。其中,Text 的 Type 被定义为 13,代表这些评价都是关于 3C 电子产品的,其他事物评价如表 19-1 所示,需要用户自己定义。

表 19-1 事务评价表

type 参数	说　　明	实　　　　例
1	酒店	"酒店设备齐全、干净卫生"→"酒店设备齐全""干净卫生"
2	KTV	"环境一般般吧,音响设备也一般,隔音太差"→"环境一般""音响设备一般""隔音差"
3	丽人	"手法专业,重要的是效果很棒"→"手法专业""效果不错"
4	美食餐饮	"但是味道太好啦,舍不得剩下"→"味道不错"
5	旅游	"景区交通方便,是不错的旅游景点"→"交通方便""旅游景点不错"
6	健康	"环境很棒,技师服务热情"→"环境不错""服务热情"
7	教育	"教学质量不错,老师很有经验"→"教学质量不错""老师有经验"
8	商业	"该公司服务好,收费低,效率高"→"服务好""收费低""效率高"
9	房产	"该房周围设施齐全、出行十分方便"→"设施齐全""出行方便"
10	汽车	"路宝的优点就是安全性能高、空间大"→"安全性能高""空间大"
11	生活	"速度挺快、服务态度也不错"→"速度快""服务好"
12	购物	"他家的东西还是挺贵的"→"消费贵"
13	3C	"手机待机时间长"→"待机时间长"

获取回答的相关代码如下。

```
def make_request(url, comment):
    print("----------------------------------------------------")
    print("评论文本:")
    print(" " + comment)
    print("\n 评论观点:")
    response = request(url, json.dumps(
        {
            "text": comment,
            "type": 13
        }))
    data = json.loads(response)
    if "error_code" not in data or data["error_code"] == 0:
        for item in data["items"]:
            # 积极的评论观点
            if item["sentiment"] == 2:
                print(u" 积极的评论观点:" + item["prop"] + item["adj"])
```

```python
            # 中性的评论观点
            if item["sentiment"] == 1:
                print(u"中性的评论观点: " + item["prop"] + item["adj"])
            # 消极的评论观点
            if item["sentiment"] == 0:
                print(u"消极的评论观点: " + item["prop"] + item["adj"])
    else:
        # print error response
        print(response)
def request(url, data):
    req = Request(url, data.encode('utf-8'))
    has_error = False
    try:
        f = urlopen(req)
        result_str = f.read()
        if (IS_PY3):
            result_str = result_str.decode()
        return result_str
    except URLError as err:
        print(err)
```

19.3.4　主函数

当用户输入评价后,百度智能云大模型对观点进行提取的相关代码如下。

```python
if __name__ == '__main__':
    while (1):
        comment = input("请输入评价: ")
        # get access token
        token = fetch_token()
        # concat url
        url = COMMENT_TAG_URL + "?charset=UTF-8&access_token=" + token
        make_request(url, comment)
```

19.4　功能测试

本部分包括运行项目、发送问题及响应。

19.4.1　运行项目

（1）进入项目文件夹：综合实验。
（2）运行项目程序：main.py。
（3）单击终端中显示的网址 URL,进入网页。
（4）代码运行结果如图 19-4 所示。

图 19-4　代码运行结果

19.4.2　发送问题及响应

输入一些关于手机的评价，百度智能云大模型会对评价中的观点进行提取，如图 19-5 所示。

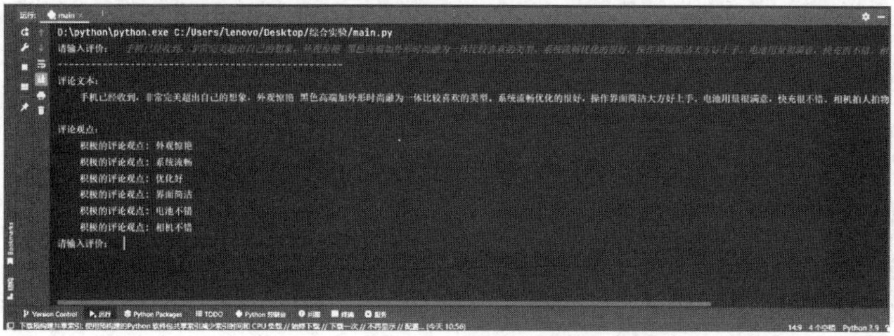

图 19-5　输入评价与观点提取结果

项目 20

旅 游 图 鉴

本项目通过 HTML 构建内容，使用 CSS 进行样式设计，运用 JavaScript 建立执行逻辑，根据讯飞星火认知大模型调用开放的 API，获取旅游图鉴并为用户提供一份详细的攻略。

20.1 总体设计

本部分包括整体框架和系统流程。

20.1.1 整体框架

整体框架如图 20-1 所示。

项目 20
教学资源

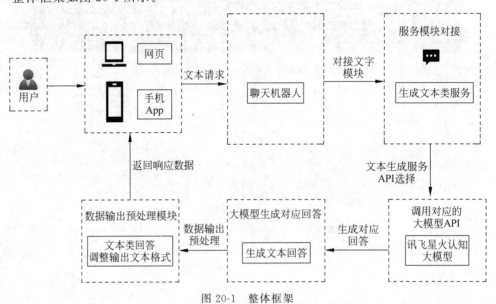

图 20-1 整体框架

20.1.2 系统流程

系统流程如图 20-2 所示。

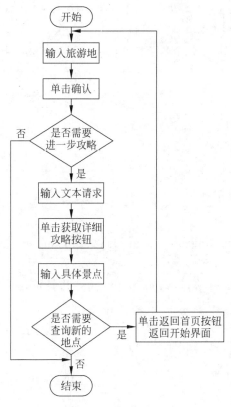

图 20-2 系统流程

20.2 开发环境

本节包括 Node.js 和 pnpm 的安装过程,给出所需要的依赖环境配置,创建一个项目并介绍大模型 API 的申请步骤。

20.2.1 安装 Node.js

安装 Node.js 参见 2.2.2 节。

20.2.2 安装 pnpm

安装 pnpm 参见 7.2.2 节。

20.2.3　环境配置

项目所需的依赖环境配置参见 7.2.4 节。

20.2.4　创建项目

（1）新建项目文件夹，进入文件夹后打开 cmd，使用 pnpm 创建项目，命令如下。

```
pnpm create vite
```

（2）输入项目的名称。

```
Project name:xinghuo_demo
```

（3）选择项目的框架。

```
Select a framework: >> Vue
```

（4）选择 JavaScript 语言。

```
Select a variant: >> JavaScript
```

（5）项目存放在 Scaffolding project in D:\桌面\xinghuo_project\xinghuo_demo 目录下。

（6）按照提示的命令运行项目，其中，pnpm install 是构建项目，pnpm run dev 是运行项目。

```
cd xinghuo_demo
pnpm install
pnpm run dev
VITE v4.4.5 ready in 1066 ms
Local: http://localhost:5173/
Network: use -- host to expose
press h to show help
```

20.2.5　大模型 API 申请

讯飞星火认知大模型 API 申请参见 2.2.6 节。

20.3　系统实现

本项目使用 Vite 框架搭建 Web 项目，文件结构如图 20-3 所示。

20.3.1　头部 < head >

定义文档字符的相关代码如下。

```
< head >
  < meta charset = "UTF - 8"/>
  < link rel = "icon" type = "image/svg + xml" href = "/vite.svg"/>
```

图 20-3 文件结构

```
<meta name = "viewport" content = "width = device - width, initial - scale = 1.0"/>
    <title>旅游图鉴</title>
    <link rel = "stylesheet" href = "src/style.css">
</head>
```

20.3.2 样式 <style>

定义 CSS 样式，设定盒模型大小，为界面插入背景图像，通过 URL 接入网页中的相关代码见"代码文件 20-1"。

20.3.3 主体 <body>

设置网页主体的相关代码见"代码文件 20-2"。

20.3.4 main.js 脚本

main.js 脚本的相关代码见"代码文件 20-3"。

请求参数详情如图 2-24 所示。

鉴权 URL 地址及添加消息的相关代码见"代码文件 20-4"。

20.4 功能测试

本部分包括运行项目、发送问题及响应。

20.4.1 运行项目

（1）进入项目文件夹：cd xinghuo_demo。
（2）运行项目程序：pnpm run dev。

(3) 单击终端中显示的网址 URL,进入网页,输入如下命令。

VITE v4.4.5 ready in 1015 ms

(4) 终端启动结果如图 20-4 所示;聊天窗口如图 20-5 所示。

➡ Local: http://localhost:5173/
➡ Network: use --host to expose
➡ press h to show help

图 20-4 终端启动结果

图 20-5 聊天窗口

20.4.2 发送问题及响应

在输入框中输入北京后单击"确认"按钮,旅游图鉴提供关于北京的景点显示在文本框内,如图 20-6 所示。

图 20-6 问题请求与回复

在输入框中输入长城后单击"确认"按钮,旅游图鉴提供一份详细的攻略显示在文本框内,如图 20-7 所示。

图 20-7　界面跳转

若想继续了解其他景点,则可单击左下方的"返回首页"按钮。

项目 21　文案助手

本项目通过 Python 进行搭建网页,使用 PyWebIO 库编辑网页结构,根据讯飞星火认知大模型调用开放的 API,实现文案编写功能。

21.1　总体设计

本部分包括整体框架和系统流程。

项目 21
教学资源

21.1.1　整体框架

整体框架如图 21-1 所示。

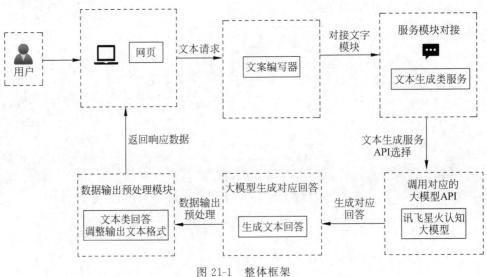

图 21-1　整体框架

21.1.2　系统流程

系统流程如图 21-2 所示。

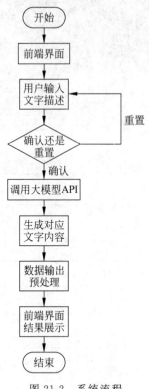

图 21-2 系统流程

21.2 开发环境

本节包括 Python、PyCharm 和 PyWebIO 的安装过程,并介绍大模型 API 的申请步骤。

21.2.1 安装 Python

打开 Python 官网如图 4-3 所示;下载 Python 解释器,如图 21-3 所示。
单击"Python 3.11.7",如图 21-4 所示。
选择"Python 3.11.7"后根据机型选择位数,如图 21-5 所示。
选择 Python-3.11.7.exe 安装界面如图 21-6 所示。
出现 setup progress,等待安装成功即可,如图 21-7 所示。

21.2.2 安装 PyCharm

安装 PyCharm 参见 1.2.1 节。

21.2.3 安装 PyWebIO 库

打开 cmd 后输入 pip install pywebio 命令即可,如图 21-8 所示。

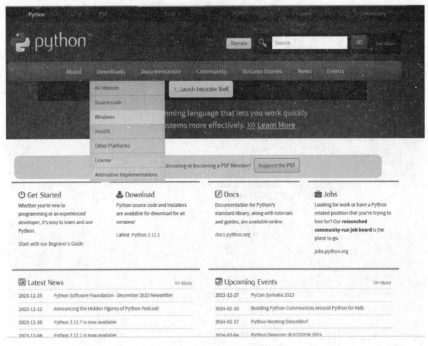

图 21-3　下载解释器

图 21-4　选择版本

项目21 文案助手 223

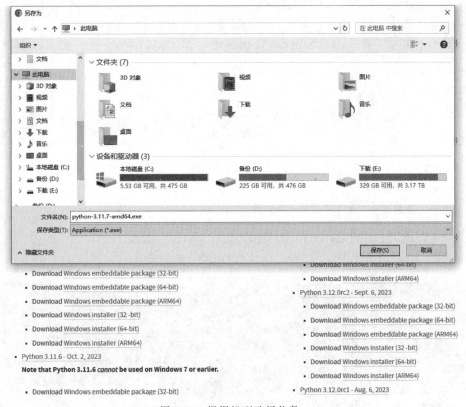

图 21-5　根据机型选择位数

图 21-6　选择 Python-3.11.7.exe 安装界面

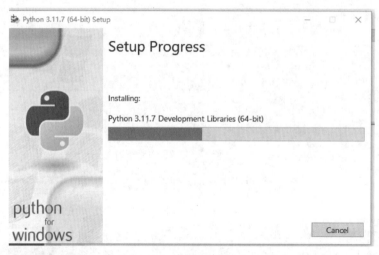

图 21-7　等待安装界面

```
  Installing build dependencies ... done
  Getting requirements to build wheel ... done
  Preparing metadata (pyproject.toml) ... done
Collecting tornado>=5.0 (from pywebio)
  Obtaining dependency information for tornado>=5.0 from https://files.pythonhosted.org/packages/af/2b/4649926f17c1634d2
1c584cc855b5c5021f148b934919d26932a595bc034/tornado-6.4-cp38-abi3-win_amd64.whl.metadata
  Downloading tornado-6.4-cp38-abi3-win_amd64.whl.metadata (2.6 kB)
Collecting user-agents (from pywebio)
  Downloading user_agents-2.2.0-py3-none-any.whl (9.6 kB)
Collecting ua-parser>=0.10.0 (from user-agents->pywebio)
  Obtaining dependency information for ua-parser>=0.10.0 from https://files.pythonhosted.org/packages/db/d5/3cf1bdc3401d
da1c45894deac836aaab571c26858f83e1b6d6a7c249d444/ua_parser-0.18.0-py2.py3-none-any.whl.metadata
  Downloading ua_parser-0.18.0-py2.py3-none-any.whl.metadata (1.4 kB)
Downloading tornado-6.4-cp38-abi3-win_amd64.whl (436 kB)
   ---------------------------------------- 437.0/437.0 kB 535.4 kB/s eta 0:00:00
Downloading ua_parser-0.18.0-py2.py3-none-any.whl (38 kB)
Building wheels for collected packages: pywebio
  Building wheel for pywebio (pyproject.toml) ... done
  Created wheel for pywebio: filename=pywebio-1.8.3-py3-none-any.whl size=509542 sha256=aeda7be044e697f53527ea54e3ba7f40
1599a5e2870d13cdd6389cc676635970
  Stored in directory: c:\users\14030\appdata\local\pip\cache\wheels\e8\64\73\671f4a5f03b4cb77d9a5be4a0149e00ad51b45a771
1fe4a137
Successfully built pywebio
Installing collected packages: ua-parser, user-agents, tornado, pywebio
Successfully installed pywebio-1.8.3 tornado-6.4 ua-parser-0.18.0 user-agents-2.2.0

[notice] A new release of pip is available: 23.2.1 -> 23.3.2
[notice] To update, run: python.exe -m pip install --upgrade pip
```

图 21-8　安装 PyWebIO 库

21.2.4　大模型 API 申请

讯飞星火认知大模型 API 申请参见 2.2.6 节。

将 AppID、APISecret 和 APIKey 填写到 chat.py 文件变量中，如图 21-9 所示。

```
#填写api验证信息
appid = "1fb33b96"
api_secret = "NmQ3NzM1YmJmZDY4ODE0Y2Y5MTFjY2Rl"
api_key = "4cb655596e0d6e3b59a45a0f0d3ec9a3"
domain = "generalv3"
Spark_url = "ws://spark-api.xf-yun.com/v3.1/chat"
```

图 21-9　填写 API 信息

21.3 系统实现

本部分包括主程序和 API 通信。

21.3.1 主程序

Chat.py 负责处理用户与 Web 应用的交互。步骤如下：①接收用户输入，将其传输给 Spark 服务；②聊天记录实时更新，通过 Web 界面显示给用户；③通过 SparkAPI 与 Spark 进行交互，实现实时聊天功能；④导入库：使用 PyWebIO 创建 Web 应用。相关代码如下：

```python
import pyWebio, html
from pyWebio.input import input
from pyWebio.output import put_html
from pyWebio import start_server
import SparkApi
```

API 验证信息：用于访问 SparkAPI 的凭据，如 AppID、API_secret 和 API_key。相关代码如下。

```python
appid = "1fb33b96"
api_secret = "NmQ3NzM1YmJmZDY4ODE0Y2Y5MTFjY2Rl"
api_key = "4cb655596e0d6e3b59a45a0f0d3ec9a3"
domain = "generalv3"
Spark_url = "ws://spark-api.xf-yun.com/v3.1/chat"
text = []
def getText(role,content):
    jsoncon = {}
    jsoncon["role"] = role
    jsoncon["content"] = content
    text.append(jsoncon)
    return text
def getlength(text):
    length = 0
    for content in text:
        temp = content["content"]
        leng = len(temp)
        length += leng
    return length
def checklen(text):
    while (getlength(text) > 8000):
        del text[0]
    return text
def get_response_from_spark(question):
    question_data = checklen(getText("user", question))
    SparkApi.answer = ""
    SparkApi.main(appid, api_key, api_secret, Spark_url, domain, question_data)
    response = SparkApi.answer
    return response
def chatbot():
    messages = []
```

```python
    while True:
        if len(messages) == 0:
            put_html(f'<h3>我是你的文案生成助手,我可以输出你想要的任何文案!</h3>')
            user_input = input('你好,请输入需要的文案:(并耐心等待几秒)')
        else:
            user_input = input('请输入你想要的文案:(并耐心等待几秒)')
        #记录用户输入
        messages.append(f'用户:{user_input}')
        put_html(f'<p>用户:{user_input}</p>')
        #在大模型 API 中获取回答
        bot_response = get_response_from_spark(user_input)
        #展示 AI 回答
        print(bot_response)
        messages.append(f'文案助手:{bot_response}')
        put_html(f'文案助手:</font>')
        put_html(f'<pre>{html.escape(bot_response)}</font></pre>')
        put_html(f'<br><br>')
if __name__ == '__main__':
    chatbot()
    accept()
print(SparkApi.answer)
```

21.3.2　API 通信

　　API 通信主要在大模型使用的文档中获取,SparkAPI.py 是专门用于管理、维护与 Spark 服务的实时通信关键模块。API 通过建立安全的 WebSocket 连接,实现与 Spark 服务的实时数据交换。这个模块使用多种安全措施,如数字签名和加密技术,确保通信过程中数据的安全和完整性。此外,API 还采用多线程处理来优化效率,从而提高应用的响应性和稳定性。相关代码见"代码文件 21-1"。

21.4　功能测试

　　本部分包括运行项目、发送问题及响应。

21.4.1　运行项目

(1)进入项目文件夹:wenan。
(2)运行项目主程序:chat。
(3)在浏览器中打开网页,如图 21-10 所示。

21.4.2　发送问题及响应

　　输入文字描述,如图 21-11 所示。
　　单击"提交"后,收到的回答显示在文本框内,如图 21-12 所示。

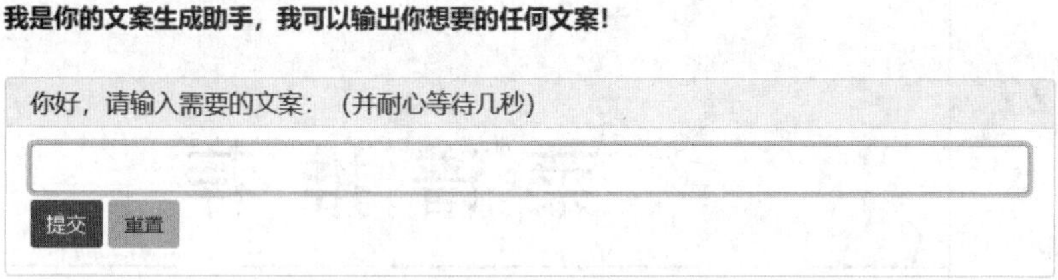

图 21-10　运行项目

图 21-11　输入文字描述

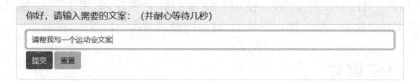

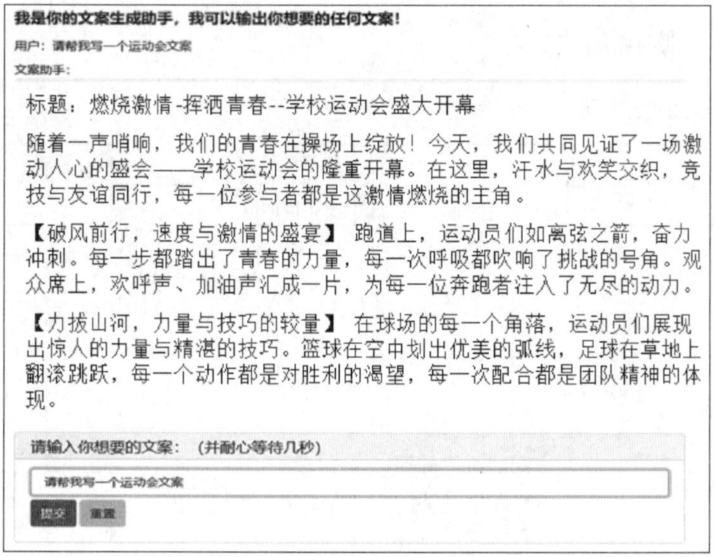

图 21-12　收到回答

项目 22　菜 谱 推 荐

本项目通过 HTML 构建内容，使用 CSS 进行样式设计，运用 JavaScript 建立执行逻辑，根据讯飞星火认知大模型调用开放的 API，实现菜谱推荐功能。

22.1　总体设计

本部分包括整体框架和系统流程。

22.1.1　整体框架

整体框架如图 22-1 所示。

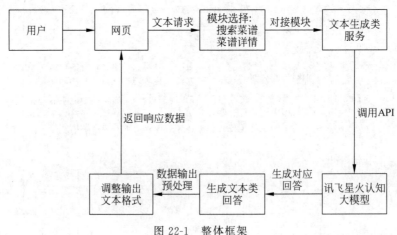

图 22-1　整体框架

22.1.2　系统流程

系统流程如图 22-2 所示。

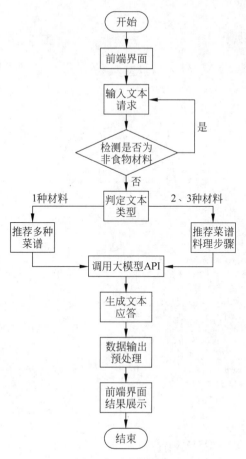

图 22-2 系统流程

22.2 开发环境

本节包括 Node.js 和 pnpm 的安装过程,给出所需要的依赖环境配置,创建一个项目并介绍大模型 API 的申请步骤。

22.2.1 安装 Node.js

安装 Node.js 参见 2.2.2 节。

22.2.2 安装 pnpm

安装 pnpm 参见 7.2.2 节。

22.2.3 环境配置

项目所需的依赖环境配置参见 7.2.4 节。

22.2.4 创建项目

(1)新建项目文件夹,进入文件夹后打开cmd,使用pnpm创建项目,命令如下。

pnpm create vite

(2)输入项目的名称。

Project name:vite-project

(3)选择项目的框架。

Select a framework: >> Vue

(4)选择JavaScript语言。

Select a variant: >> JavaScript

(5)项目存放在Scaffolding project in D:\桌面\xinghuo_project\xinghuo_demo目录下。

(6)按照提示的命令运行项目,其中pnpm install是构建项目,pnpm run dev是运行项目。

cd xinghuo_demo
pnpm install
pnpm run dev
VITE v4.4.5 ready in 1066 ms
Local: http://localhost:5173/
Network: use -- host to expose
press h to show help

22.2.5 大模型API申请

讯飞星火认知大模型API申请参见2.2.6节。

22.3 系统实现

本项目使用Vite框架搭建Web项目,文件结构如图22-3所示。

图22-3 文件结构

22.3.1 头部< head >

定义文档字符的相关代码如下。

```
<!DOCTYPE html>
<html lang="en">
<head>
    <meta charset="UTF-8">
    <meta name="viewport" content="width=device-width, initial-scale=1.0">
    <title>喵喵大厨</title>
    <link rel="icon" type="image/svg+xml" href="/vite.svg">
    <link rel="stylesheet" href="src/style.css">
</head>
```

22.3.2 样式< style >

定义CSS样式、设定盒模型大小,为界面插入背景图像的相关代码见"代码文件22-1"。

22.3.3 主体< body >

设置网页主体的相关代码见"代码文件22-2"。

22.3.4 main.js脚本

根据ID定位index.html中的组件,RequestObj用于设置调用大模型的API,在API申请成功后可填写对应的内容,其中UID可以随意填写用户名。输入问题后单击"确认"按钮,通过sendMsg函数发送信息。相关代码见"代码文件22-3"。

请求参数详情如图2-24所示。

鉴权URL地址及添加消息的相关代码见"代码文件22-4"。

22.4 功能测试

本部分包括运行项目、发送问题及响应。

22.4.1 运行项目

(1) 进入项目文件夹:cd xinghuo_demo。
(2) 运行项目程序:pnpm run dev。
(3) 单击终端中显示的网址URL,进入网页,命令如下。

```
VITE v4.4.5 ready in 1015 ms
```

(4) 终端启动结果如图22-4所示,聊天窗口如图22-5所示。

22.4.2 发送问题及响应

向讯飞星火认知大模型提问:鸡肉、蔬菜、面粉,单击"获取菜谱"后,收到的答案显示在

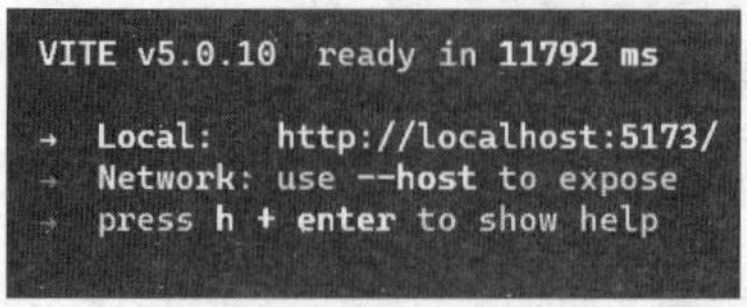

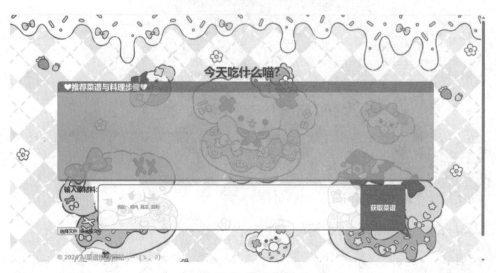

图 22-4 终端启动结果

图 22-5 聊天窗口

文本框内,如图 22-6 所示。

图 22-6 发送问题及响应

项目 23

文字纠错

本项目基于 HTML 构建内容，使用 CSS 进行样式设计，运用 JavaScript 建立执行逻辑，根据讯飞星火认知大模型调用开放的 API，实现对文字的找错和纠正功能。

23.1 总体设计

本部分包括整体框架和系统流程。

23.1.1 整体框架

整体框架如图 23-1 所示。

项目 23
教学资源

图 23-1 整体框架

23.1.2 系统流程

系统流程如图 23-2 所示。

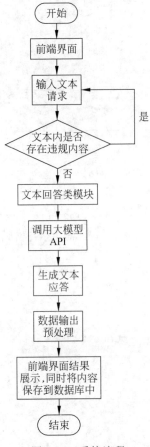

图 23-2 系统流程

23.2 开发环境

本节包括 Node.js 和 pnpm 的安装过程,给出所需要的依赖环境配置,创建一个项目并介绍大模型 API 的申请步骤。

23.2.1 安装 Node.js

安装 Node.js 参见 2.2.2 节。

23.2.2 安装 pnpm

安装 pnpm 参见 7.2.2 节。

23.2.3 环境配置

项目所需依赖环境配置参见 7.2.3 节。

package.json 相关代码如下。

```json
{
  "name": "chenzy_demo",
  "private": true,
  "version": "0.0.0",
  "type": "module",
  "scripts": {
    "dev": "vite",
    "build": "vite build",
    "preview": "vite preview"
  },
  "dependencies": {
    "vue": "^3.3.4",
    "base-64": "^1.0.0",
    "crypto-js": "^4.1.1",
    "fast-xml-parser": "^4.2.6",
    "utf8": "^3.0.0"
  },
  "devDependencies": {
    "@vitejs/plugin-vue": "^4.2.3",
    "vite": "^4.4.5"
  }
}
```

23.2.4 创建项目

创建项目步骤如下。

（1）新建项目文件夹，进入文件夹后打开 cmd，使用 pnpm 创建项目，命令如下。

```
pnpm create vite
```

（2）输入项目的名称。

```
Project name:chenzy_demo
```

（3）选择项目的框架。

```
Select a framework: >> Vue
```

（4）选择 JavaScript 文件。

```
Select a variant: >> JavaScript
```

（5）项目存放在 Scaffolding project in D:\目录下。

（6）按照提示的命令运行项目，其中，pnpm install 是构建项目，pnpm run dev 是运行项目。

```
cd chenzy_demo
npm install
npm run dev
VITE v4.4.5 ready in 427 ms
Local:http://localhost:5173/
```

```
Network:use -- host to expose
press h to show help
```

23.2.5 大模型 API 申请

讯飞星火认知大模型 API 申请参见 2.2.6 节。

23.3 系统实现

本项目使用 Vite 框架搭建 Web 项目，文件结构如图 23-3 所示。

图 23-3　文件结构

23.3.1 头部＜head＞

定义文档字符的相关代码如下。

```
<!DOCTYPE html>
<html lang="en">
<head>
  <meta charset="UTF-8">
  <meta name="viewport" content="width=device-width, initial-scale=1.0">
  <title>基于星火大模型的语言检查系统</title>
  <link rel="stylesheet" href="src/style.css">
</head>
<body>
</body>
</html>
```

23.3.2 样式＜style＞

定义网页 CSS 样式、设定盒模型大小，为界面插入背景图像的相关代码如下。

```css
* {
    margin: 0;
    padding: 0;
    box-sizing: border-box;
}
body {
    font-family: 'Arial', sans-serif;
    background-color: #f7f7f7;
    display: flex;
    justify-content: center;
    align-items: center;
    height: 100vh;
    margin: 0;
}
.container {
    width: 80%;
    display: flex;
    justify-content: space-between;
    gap: 20px;
}
    .textbox {
    flex: 1;
    background-color: #fff;
    padding: 30px;
    border-radius: 12px;
    box-shadow: 0 0 15px rgba(0, 0, 0, 0.2);
}
    #results {
    margin-bottom: 30px;
}
    #result {
    width: 100%;
    min-height: 500px; /* Modified height */
    padding: 15px;
    border: 2px solid #ccc;
    border-radius: 8px;
    resize: vertical;
}
    #sendVal {
    display: flex;
    align-items: center;
}
    #question {
    flex: 1;
    padding: 20px;
    border: 2px solid #ccc;
    border-radius: 8px;
    margin-right: 20px;
}
#btn {
    padding: 20px 40px;
    border: none;
    border-radius: 8px;
```

```
            background-color: #4a90e2;
            color: white;
            font-weight: bold;
            cursor: pointer;
        }
        h1 {
            text-align: center;
            color: #4a90e2;
            margin-bottom: 10px;
        }
```

23.3.3　主体<body>

设置网页主体的相关代码见"代码文件23-1"。

23.3.4　main.js脚本

main.js脚本的相关代码见"代码文件23-2"。

请求参数如图2-24所示。

鉴权URL地址以及添加消息的相关代码见"代码文件23-3"。

23.4　功能测试

本部分包括运行项目、发送问题及响应。

23.4.1　运行项目

(1) 进入项目文件夹：cd chenzy_demo。

(2) 运行项目程序：npm run dev。

(3) 单击终端中显示的网址URL，进入网页，命令如下。

VITE v4.4.5 ready in 427 ms

(4) 终端启动结果如图23-4所示，聊天窗口如图23-5所示。

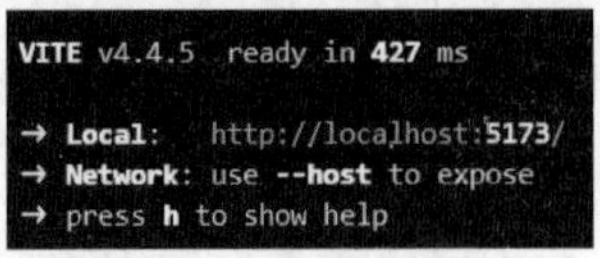

```
VITE v4.4.5  ready in 427 ms

→  Local:    http://localhost:5173/
→  Network:  use --host to expose
→  press h to show help
```

图23-4　终端启动结果

23.4.2　发送问题及响应

向讯飞星火认知大模型提问："一头牛有三只眼睛，一条鱼有两只手，一个人有六个头"，单击"发送文字"按钮后，收到的答案显示在文本框内，如图23-6和图23-7所示。

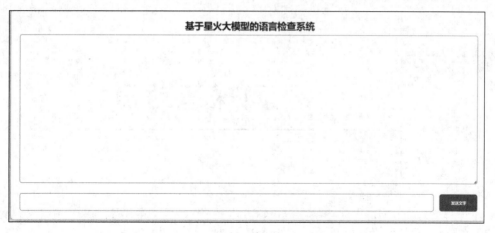

图 23-5　聊天窗口

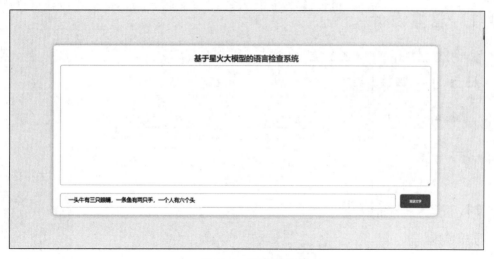

图 23-6　问题请求

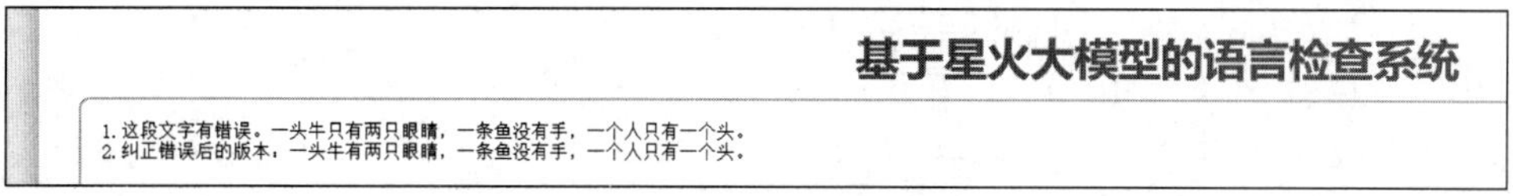

图 23-7　问题回复

项目 24 网球运动员

本项目通过 HTML 构建内容,使用 CSS 进行样式设计,运用 JavaScript 建立执行逻辑,根据讯飞星火认知大模型调用开放的 API,获取用户问题的答案。

24.1 总体设计

本部分包括整体框架和系统流程。

24.1.1 整体框架

整体框架如图 24-1 所示。

项目 24
教学资源

图 24-1 整体框架

24.1.2 系统流程

系统流程如图 24-2 所示。

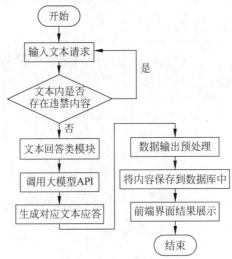

图 24-2 系统流程

24.2 开发环境

本节包括 Python 和 PyCharm 的安装过程,给出所需要的依赖环境配置,创建一个项目并介绍大模型 API 的申请步骤。

24.2.1 安装 Python

安装 Python 参见 4.2.2 节。

24.2.2 安装 PyCharm

安装 PyCharm 参见 1.2.1 节。

24.2.3 环境配置

项目依赖的 Python 库如下。

```
cffi == 1.16.0
gevent == 23.9.1
greenlet == 3.0.3
pycparser == 2.21
setuptools == 69.0.3
WebSocket-client == 1.7.0
zope.event == 5.0
zope.interface == 6.1
```

24.2.4 大模型 API 申请

讯飞星火认知大模型 API 申请参见 2.2.6 节。

24.3 系统实现

本项目使用 Python 搭建 Web 项目,文件结构如图 24-3 所示。

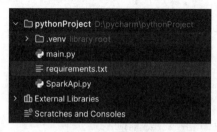

图 24-3 文件结构

24.3.1　头部< head >

定义文档字符的相关代码如下。

```python
import tkinter as tk
from tkinter import scrolledtext, messagebox
import SparkApi
#以下密钥信息在控制台获取
appid = "aab96580"     #填写控制台中获取的 AppID 信息
api_secret = "NDBhMTQ1YTBmZWI4ZTE0NWU1NGVhMzUx"   #填写控制台中获取的 ApISecret 信息
api_key = "4e583bd344b470c8819e54f3453c031e"     #填写控制台中获取的 ApIKey 信息
#用于配置大模型版本,默认为 general/generalv2
domain = "generalv3"    #v3.0 版本
temperature = 0.5
top_k = 4
max_tokens = 2048
#云端环境的服务地址
Spark_url = "wss://spark-api.xf-yun.com/v3.1/chat"
text = []
def getText(role, content):
    jsoncon = {"role": role, "content": content}
    text.append(jsoncon)
    return text
def getlength(text):
    return sum(len(content["content"]) for content in text)
def checklen(text):
    while getlength(text) > 8000:
        del text[0]
    return text
class SparkChatbotGUI:
    def __init__(self, master):
        self.master = master
        master.title("星火 API")
```

24.3.2　样式< style >

设置网页背景的相关代码如下。

```python
if __name__ == '__main__':
    root = tk.Tk()
    app = SparkChatbotGUI(root)
    #设置窗口初始大小
    window_width = 1000
    window_height = 600
    root.geometry(f"{window_width}x{window_height}")
    #获取屏幕尺寸,计算布局参数,使窗口居中
    screen_width = root.winfo_screenwidth()
    screen_height = root.winfo_screenheight()
    #计算 x 和 y 的坐标,以使窗口在屏幕上居中
    center_x = int((screen_width/2) - (window_width/2))
    center_y = int((screen_height/2) - (window_height/2))
    #设置窗口的初始位置
```

```
root.geometry(f'{window_width}x{window_height} + {center_x} + {center_y}')
root.mainloop()
```

24.3.3 主体< body >

设置网页主体的相关代码见"代码文件 24-1"。

24.3.4 main.py 脚本

main.py 脚本的相关代码见"代码文件 24-2"。

24.4 功能测试

本部分包括运行项目、发送问题及响应。

24.4.1 运行项目

(1) 进入项目文件夹：pycharm。
(2) 运行项目程序：main.py。
(3) 聊天窗口网页如图 24-4 所示。

图 24-4 聊天窗口网页

24.4.2 发送问题及响应

向讯飞星火认知大模型提问："现在用来追踪网球运动员的算法有哪些"，如图 24-5 所示;问题回复如图 24-6 所示。

图 24-5　问题请求

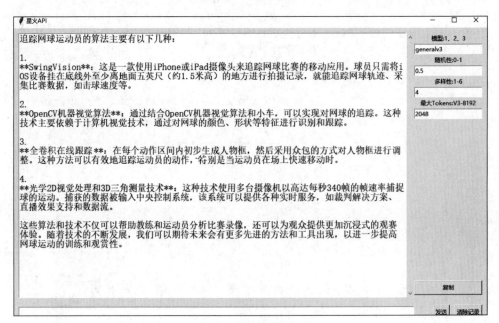

图 24-6　问题回复

项目 25

职 业 推 荐

本项目通过 HTML 构建内容，使用 CSS 进行样式设计，应用.py 文件，根据百度千帆大模型调用开放的 API，获取相应的职业匹配和相关信息。

25.1 总体设计

本部分包括整体框架和系统流程。

25.1.1 整体框架

整体框架如图 25-1 所示。

项目 25
教学资源

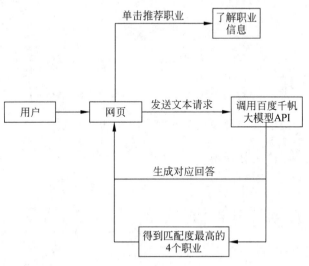

图 25-1 整体框架

25.1.2 系统流程

系统流程如图 25-2 所示。

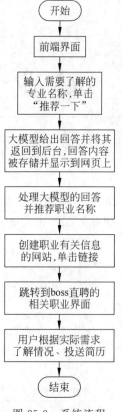

图 25-2　系统流程

25.2　开发环境

本节介绍 PyCharm 的安装过程和大模型 API 的申请步骤。

25.2.1　安装 PyCharm

安装 PyCharm 参见 1.2.1 节。

25.2.2　大模型 API 申请

百度千帆大模型 API 申请参见 1.2.4 节。

25.3　系统实现

本项目使用 Flask 框架搭建 Web 项目,文件结构如图 25-3 所示。

25.3.1 头部< head >

定义文档字符的相关代码见"代码文件 25-1"。

25.3.2 样式< style >

设置网页背景的相关代码见"代码文件 25-2"。

25.3.3 主体< body >

设置网页主体的相关代码见"代码文件 25-3"。

25.3.4 App.py

大模型回答、得到产品名称、生成职业推荐链接的相关代码见"代码文件 25-4"。

图 25-3 文件结构

25.4 功能测试

本部分包括运行项目、发送问题及响应。

25.4.1 运行项目

运行成功后显示一个链接,如图 25-4 所示。

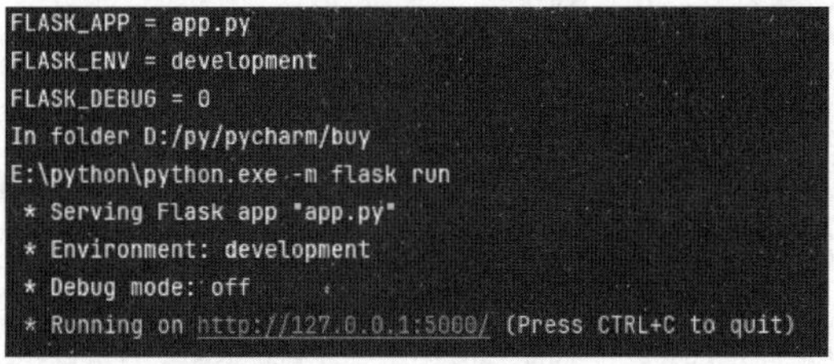

图 25-4 运行项目

25.4.2 发送问题及响应

在空白框输入你喜欢或者相关的专业名称,例如计算机、电子信息工程等,会得到大模型的回答,并且是对应专业的职业建议和相关链接。输入电子信息工程界面如图 25-5 所示,查询推荐界面如图 25-6 所示。

单击右边按钮即可进入对应职业推荐链接,如图 25-7 所示。

图 25-5　输入电子信息工程界面

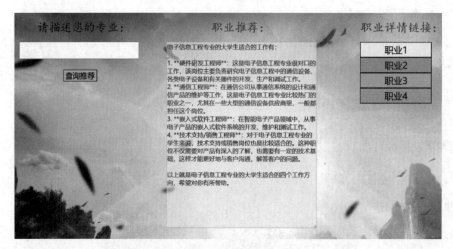

图 25-6　查询推荐界面

图 25-7　单击职业链接

项目 26　职场助手

本项目基于 Vue.js 和 UniApp 实现界面的搭建，使用 JavaScript 建立执行逻辑，在前端使用微信小程序的 WXML 和 WXSS 完成样式设计，而在后端运用 WebSocket 和 HTTP 请求实现后端服务的交互，并通过 Webpack 打包工具搭建能够在小程序端运行的模块。根据 Flask 框架编写操作 MySQL 的 API，调用 wx.request 函数，给职场中的用户提供一个智能问答平台。

26.1　总体设计

本部分包括整体框架和系统流程。

26.1.1　整体框架

整体框架如图 26-1 所示。

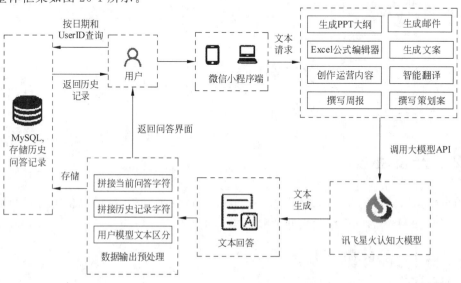

图 26-1　整体框架

26.1.2 系统流程

系统流程如图 26-2 所示。

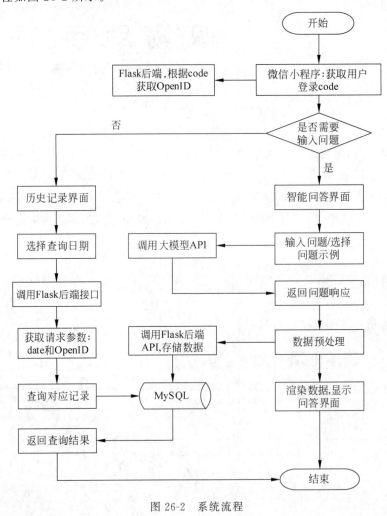

图 26-2 系统流程

26.2 开发环境

本节包括微信开发者工具、MySQL 和 Navicat 的安装过程,给出安装所需要的依赖环境配置,创建一个项目并介绍大模型 API 的申请步骤。

26.2.1 安装微信开发者工具

微信开发者工具安装如图 26-3 所示。

图 26-3　安装微信开发者工具

微信小程序 AppID 注册界面如图 26-4 所示。

图 26-4　微信注册界面

单击"立即注册",填写信息后登录,如图 26-5 所示。
填写小程序信息如图 26-6 所示。
单击左侧栏中"开发管理",获取 AppID 和 AppSecret,如图 26-7 所示。
打开微信开发者工具界面如图 26-8 所示。

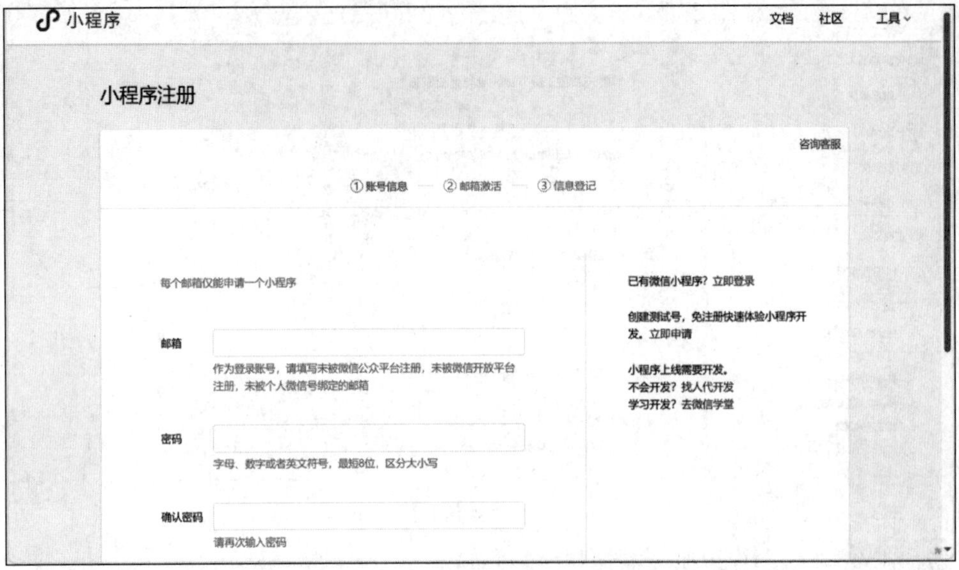

图 26-5　注册微信开发者账号

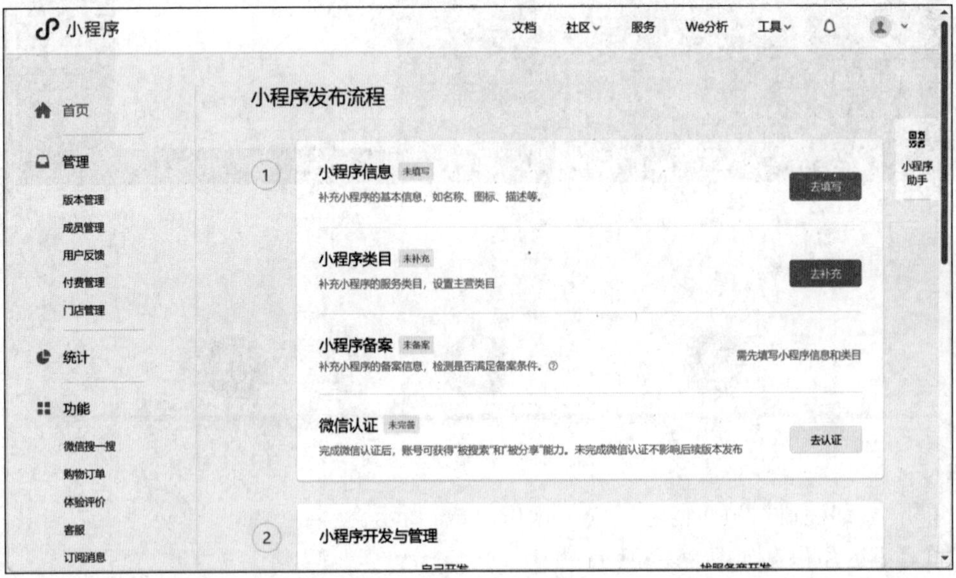

图 26-6　填写小程序信息

图 26-7 开发管理界面

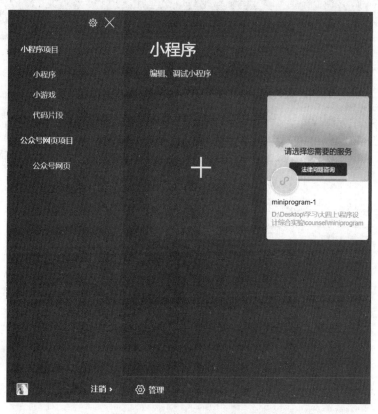

图 26-8 微信开发者工具界面

填写项目名称、目录和 AppID，单击"新建"按钮即可创建微信小程序，如图 26-9 所示。

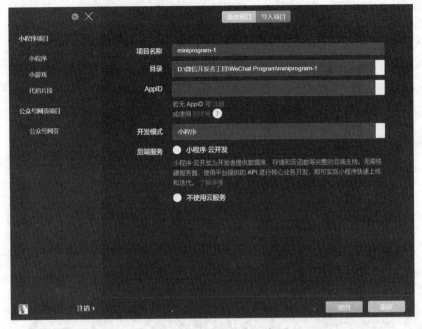

图 26-9　创建微信小程序

26.2.2　安装 MySQL

单击 MySQL 安装包，选择 Window 版本，单击"下载"按钮，如图 26-10 所示。

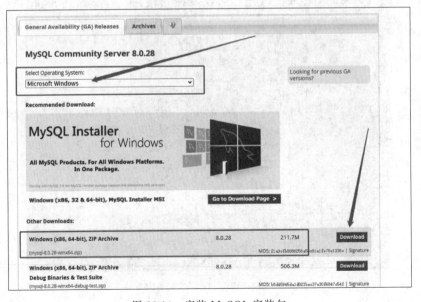

图 26-10　安装 MySQL 安装包

26.2.3 安装 Navicat

Navicat 是一个数据库管理工具，可用于管理多种数据库系统，如 MySQL 和 Oracle。它提供了丰富的功能，使管理数据库变得更加容易和高效。安装 Navicat 如图 26-11 所示。

图 26-11　安装 Navicat

26.2.4 环境配置

本项目基于 Python 的 Flask 架构作为后端，编写 API 对 MySQL 进行操作。需要下载的 Python 包如表 26-1 所示。

表 26-1　后端所需 Python 包

名称	作用
Flask	Flask 是一个轻量级的 Python Web 框架，广泛用于创建各种 Web 应用
PyMySQL	用于连接和操作 MySQL 的 Python 库。这个库允许 Python 程序执行各种数据库操作，包括连接到数据库、创建、读取、更新和删除数据等
Datetime	提供日期和时间的操作功能，用于创建、格式化日期和时间
Requests	用于发送 HTTP 请求

26.2.5 项目启动

启动数据库。在 Navicat 中单击 MySQL。连接安装 MySQL，填写连接名、主机、端口、用户名和密码，单击"测试连接"界面如图 26-12 所示。

右击 localhost_3306，选择新建数据库，数据库名为 officeai，如图 26-13 所示。

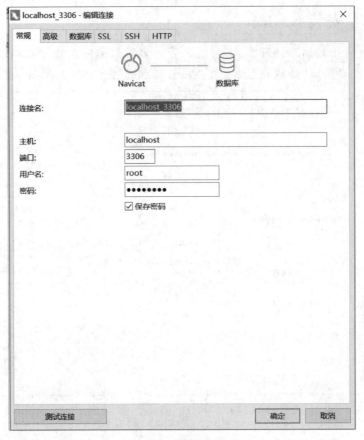

图 26-12　单击"测试连接"界面

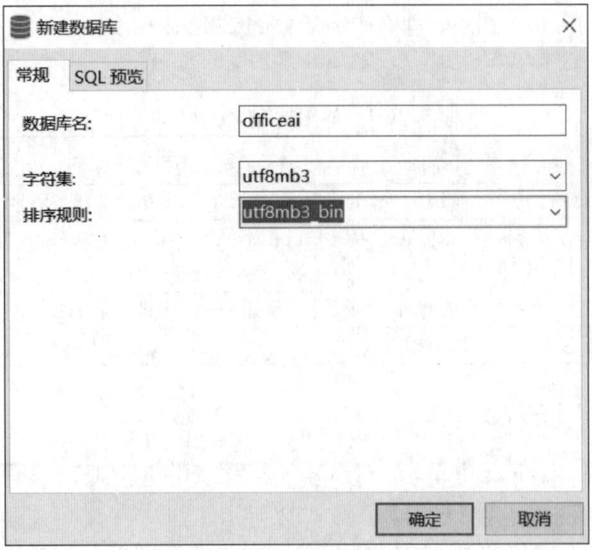

图 26-13　新建数据库

右击"officeai 目录",选择新建表,表名为 historytext,如图 26-14 所示。

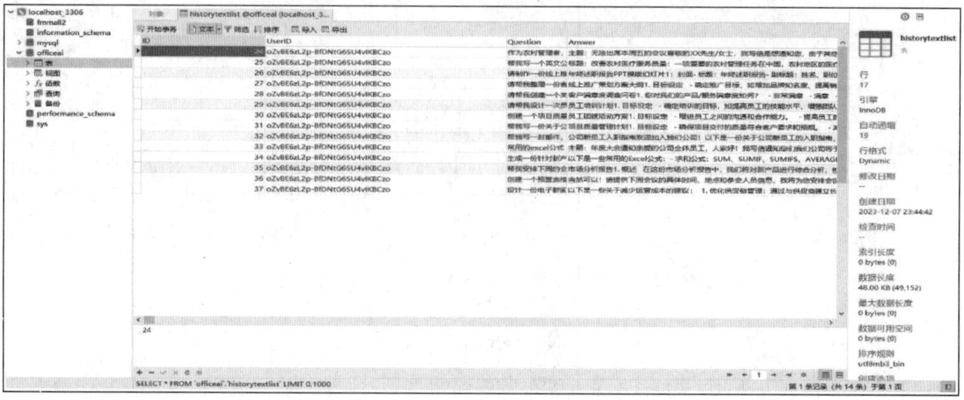

图 26-14 新建表

单击"数据库名"即可启动数据库。

运行 Python 代码,启动 Flask 后端服务器,如图 26-15 所示。

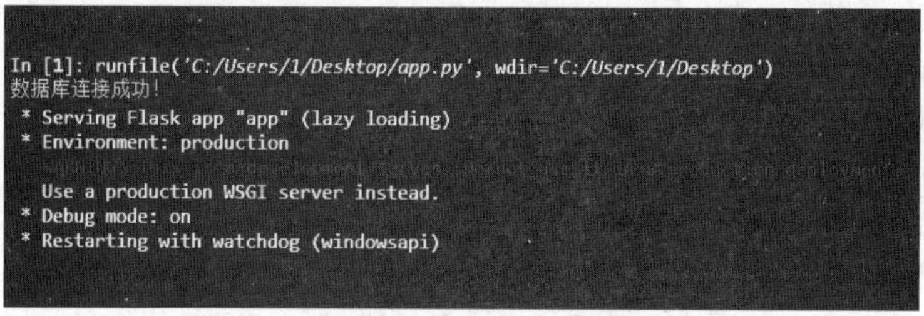

图 26-15 启动 Flask 后端

26.2.6 大模型 API 申请

讯飞星火认知大模型 API 申请参见 2.2.6 节。

26.3 系统实现

本项目使用微信小程序搭建前端,运用 Flask 框架搭建后端服务器,文件结构如图 26-16 所示。

26.3.1 小程序全局配置

1. App.js

小程序启动后自动触发 OnLaunch 函数,在该函数中获取 code,并调用 API 向服务器端发送请求以换取 OpenID。它是用户的唯一标识,在全局变量中,其他界面也可以使用。相关代码见"代码文件 26-1"。

图 26-16 文件结构

2. App.json

通过定义界面路径、窗口样式、底部 tab 栏为小程序提供结构和样式上的全局设置，相关代码见"代码文件 26-2"。

3. App.wxss

导入 main.wxss 样式文件；规定所有自定义属性 data-custom-hidden 或 bind-data-custom-hidden 的值为 true 的元素将被隐藏（不显示在界面上）。

```
@import './common/main.wxss';
[data-custom-hidden="true"],[bind-data-custom-hidden="true"]{display: none !important;}
```

26.3.2 spark

1. spark.js

在 data 中定义 spark 界面中使用的变量。其中，sparkResult 存储大模型返回的结果，historyTextList 拼接历史问答记录，在讯飞星火认知大模型的平台获取 AppID、APISecret 和 APIKey。相关代码见"代码文件 26-3"。

2. spark.wxml

①Chat Container 用于容纳聊天界面的元素，其中包含一个滚动视图（< scroll-view >），允许用户滚动查看聊天记录；②Message Container 使用 wx：for 循环显示聊天历史中的每条消息，根据消息发送者改变样式（用户或 API）；③Header Container 显示"换一换"按钮，用于提供用户操作界面的指引；④Examples 展示一系列示例消息，用户可以通过单击"复制"将消息复制到输入框；⑤Input Container 包含一个输入框和发送按钮，用户在输入框中输入消息，单击"发送"按钮后消息被发送。相关代码见"代码文件 26-4"。

3. spark.wxss

spark.wxss 的相关代码见"代码文件 26-5"。

26.3.3 user

1. user.js

①将 bindDateChange 函数绑定到日期选择器的变化事件上,当用户选择一个日期时,该函数被触发;②更新界面数据,将其设置为用户选择的日期;③调用 fetchQuestions 函数,传递新选择的日期,以获取该日期的相关数据。

fetchQuestions 函数负责在后端获取特定日期的问题数据,它接收一个日期作为参数。使用 wx.request 方法向服务器端发送 GET 请求,请求参数包括日期和用户的 OpenID。请求成功时,使用返回的数据更新界面数据,显示相关问题,请求失败时,输出相关信息。

onLoad 函数是一个生命周期函数,代码设置了界面数据 today 的值为当前日期,格式为 YYYY-MM-DD。这个值可以用于初始化界面上的日期显示,或作为默认查询日期。相关代码见"代码文件 26-6"。

2. user.wxml

user.wxml 的相关代码见"代码文件 26-7"。

3. user.wxss

user.wxss 的相关代码见"代码文件 26-8"。

26.3.4 后端服务器

(1) pymysql.connect 函数填写主机名、端口号、数据库名、用户名、密码与数据库建立连接。

(2) save_history 函数处理来自小程序的 POST 请求,用于保存问答记录。它在请求中提取用户的 ID、问题和回答,并将这些数据插入数据库的 HistoryTextList 中。成功执行后,返回一个包含状态信息的 JSON 响应。

(3) query_history_by_date 函数处理 GET 请求,用于根据指定的日期和用户 ID 查询问答记录,然后在请求中获取日期和用户 ID,最后执行 SQL 查询在数据库中检索匹配的记录,查询结果以 JSON 格式返回。

(4) get_openid 函数根据微信小程序传递的 code 获取用户的 OpenID 和 session_key。

(5) 构造一个请求,发送到微信的 jscode2session 接口,并返回接口的响应。如果请求成功,返回在微信接口获得的 OpenID 和 session_key;如果失败,则返回错误信息。相关代码见"代码文件 26-9"。

26.4 功能测试

本部分包括发送问题及响应,并给出查询历史记录的界面。

26.4.1 发送问题及响应

在职场智能助手中输入问题,单击"发送"获取回答,单击"换一换"获取更多示例问题,如图 26-17 所示。

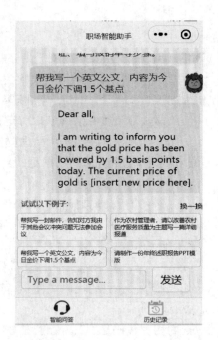

图 26-17　智能问答

26.4.2　查询历史记录

在历史记录界面单击"日期",选择要查询的时间即可获取当日的问答记录,如图 26-18 所示。

图 26-18　历史记录

项目 27

手绘图像识别

本项目通过 WXML 搭建结构,使用 WXSS 进行样式设计、运用 JavaScript 建立执行逻辑,根据百度图像识别大模型调用开放的 API,实现对手绘或者上传的图像进行识别的功能,为用户提供最符合直觉的模式来体验与大模型的交互。

27.1 总体设计

本部分包括整体框架和系统流程。

27.1.1 整体框架

整体框架如图 27-1 所示。

项目 27
教学资源

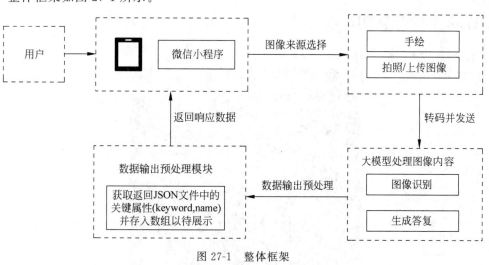

图 27-1 整体框架

27.1.2 系统流程

系统流程如图 27-2 所示。

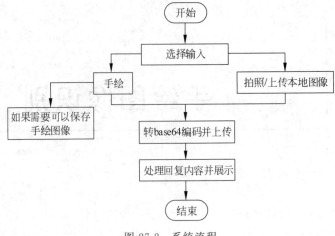

图 27-2　系统流程

27.2　开发环境

本节包括微信开发者工具、调试基础库的安装过程和大模型 API 的申请步骤。

27.2.1　安装微信开发者工具

安装微信开发者工具参见 26.2.1 节。

27.2.2　安装调试基础库

选择 2.27.3 的本地调试基础库如图 27-3 所示。

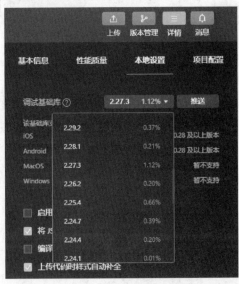

图 27-3　选择调试基础库

27.2.3 大模型 API 申请

百度图像识别大模型首页如图 27-4 所示。

图 27-4　百度图像识别大模型首页

应用列表如图 27-5 所示。

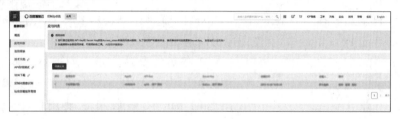

图 27-5　应用列表

创建应用如图 27-6 所示。

图 27-6　创建应用

27.3 系统实现

本项目使用 WXML 和 WXSS 搭建小程序,文件结构如图 27-7 所示。

27.3.1 画板组件

定义画板的基础设置,方便后续添加自定义背景颜色、画线颜色、画线宽度等功能。相关代码见"代码文件 27-1"。

27.3.2 主界面的 .js 文件

识别手绘图像的相关代码见"代码文件 27-2"。

wx.request:详见微信开发者工具网络/发起请求。

图 27-7 文件结构

Token 的获取方法:参照通用参考→鉴权认证机制/百度 AI 开放平台和调用方式→图像识别→百度智能云文档。APIKey 存入 ClientID 属性中,SecretKey 存入 client_secret 属性中,Method 存入 Post 属性中,百度图像识别请求参数如图 27-8 所示。

- grant_type:必须参数,固定为 client_credentials;
- client_id:必须参数,应用的 API Key;
- client_secret:必须参数,应用的 Secret Key;

图 27-8 百度图像识别请求参数

上传图像编码:Method 存入 Post 属性中,Data 中必须包含图像的 base64 代码和获取的 Token。图像的 base64 编码可以使用微信自带的函数进行。

(1) 使用 createImage 函数获得画板内容的图像缓存地址是 TempFilePath。

(2) 使用 wx.getFileSystemManager.readFile 函数,将图像对象转成 base64 编码格式存入变量等待发送。

图像识别请求参数如图 27-9 所示。

参数	是否必选	类型	可选值范围	说明
image	和url二选一	string	-	图像数据,base64编码,要求base64编码后大小不超过4M,最短边至少15px,最长边最大4096px,支持jpg/png/bmp格式。注意:图片需要base64编码、去掉编码头(data:image/jpg;base64,)后,再进行urlencode。
url	和image二选一	string	-	图片完整URL,URL长度不超过1024字节,URL对应的图片base64编码后大小不超过4M,最短边至少15px,最长边最大4096px,支持jpg/png/bmp格式,当image字段存在时url字段失效。
baike_num	否	integer	-	用于控制返回结果是否带有百科信息,若不输入此参数,则默认不返回百科结果;若输入此参数,会根据输入的整数返回相应个数的百科信息

图 27-9 图像识别请求参数

返回内容中将 Result 数组的属性保存到新数组中展示。另外,在 DrawingBoardChange 中调用一次 touchRecognize 函数,即可实现画完一笔就识别一次的功能。相关代码见"代码文件 27-3"。

在用户手机本地上传图像或者拍照采用 wx.chooseImage 函数,Object 的请求参数如图 27-10 所示。

参数					
Object					
属性	类型	默认值		必填	说明
count	number	9		否	最多可以选择的图片张数
sizeType	Array.<string>	['original', 'compressed']		否	所选的图片的尺寸
	合法值	说明			
	original	原图			
	compressed	压缩图			
sourceType	Array.<string>	['album', 'camera']		否	选择图片的来源
	合法值	说明			
	album	从相册选图			
	camera	使用相机			
success	function			否	接口调用成功的回调函数
fail	function			否	接口调用失败的回调函数
complete	function			否	接口调用结束的回调函数(调用成功、失败都会执行)
object.success 回调函数					

图 27-10 请求参数

27.3.3 .wxml 文件和.wxss 文件

.wxml 文件和.wxss 文件的相关代码见"代码文件 27-4"。

27.4 功能测试

本部分包括运行项目和绘制图像获得回答。

27.4.1 运行项目

通过微信开发者工具导入项目,在左边的模拟器上查看运行的画面,也可以单击真机调试获得二维码在手机上测试,如图 27-11 所示。

图 27-11 真机调试界面

27.4.2 绘制图像获得回答

手绘或上传图像如图 27-12 所示;获得答复如图 27-13 所示。

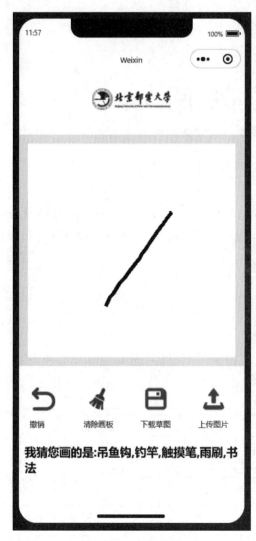

图 27-12　上传图像

图 27-13　获得答复

项目 28

文 献 阅 读

本项目基于 HTML 构建内容，使用 CSS 进行样式设计，运用 JavaScript 建立执行逻辑，根据讯飞星火认知大模型调用开放的 API，用户通过上传文献，实现模型帮助自己阅读并进行梳理。

28.1 总体设计

本部分包括整体框架和系统流程。

28.1.1 整体框架

整体框架如图 28-1 所示。

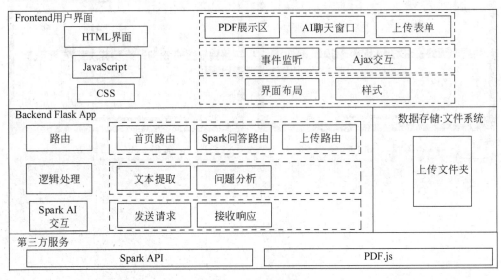

图 28-1 整体架构

28.1.2 系统流程

系统流程如图 28-2 所示。

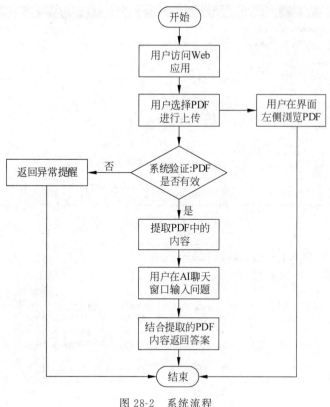

图 28-2 系统流程

28.2 开发环境

本节介绍如何配置服务器端和依赖环境并给出大模型 API 的申请步骤。

28.2.1 配置服务器端

新用户在腾讯云官网可以领取一台免费服务器端,并创建实例,如图 28-3 所示。

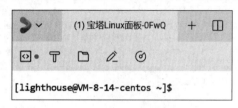

图 28-3 领取服务器端

服务器端选择 Linux Ubuntu 界面如图 28-4 所示。

单击"登录",进入服务器终端,然后安装宝塔面板,安装时输入的指令如图 28-5 所示。

在终端进行登录后进入宝塔面板,如图 28-6 所示。

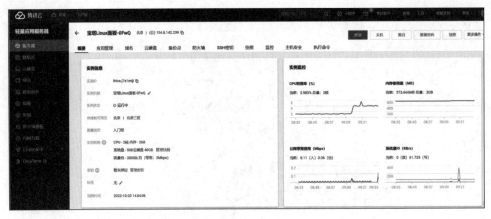

图 28-4 选择 Linux Ubuntu 界面

图 28-5 安装宝塔面板

图 28-6 登录宝塔面板

宝塔面板界面如图 28-7 所示。
创建网址界面如图 28-8 所示。
在安全部分配置可以放行的端口,使网址能够正常访问,如图 28-9 所示。
在服务器端上配置 Flask 框架,如图 28-10 所示。

项目28 文献阅读

图 28-7 宝塔面板

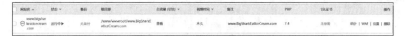

图 28-8 创建网址界面

图 28-9 安全放行方式

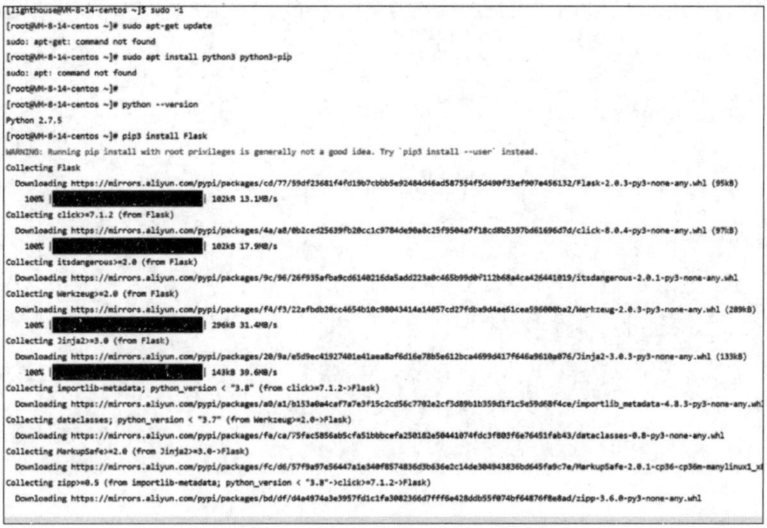

图 28-10 在服务器端上配置 Flask 框架

上传写好的代码文件，即可正常访问，如图 28-11 所示。

图 28-11　上传代码结果

28.2.2　环境配置

在 Conda 环境中创建一个新的虚拟环境用于包管理，需要添加相应的包，如图 28-12 所示。

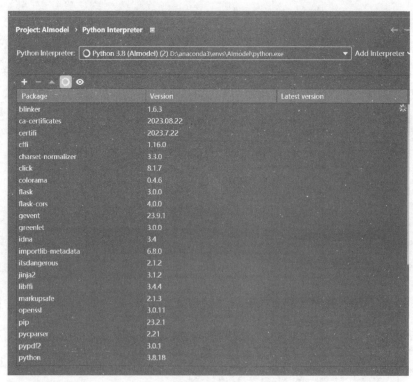

图 28-12　包管理

28.2.3 大模型 API 申请

讯飞星火认知大模型 API 申请参见 2.2.6 节。

28.3 系统实现

本项目使用 Flask 框架搭建 Web 项目,文件结构如图 28-13 所示。

图 28-13 文件结构

28.3.1 前端代码

界面主要有三个区域:聊天输入区域、对话区域和文献展示区域。聊天输入区域用于向模型提问;对话区域用于记忆用户与模型的交互;文献展示区域用于用户阅读文献。相关代码如下。

```
<!DOCTYPE html>
<html lang = "en">
<head>
    <meta charset = "UTF-8">
    <meta name = "viewport" content = "width = device-width, initial-scale = 1.0">
    <title>AI Assisted Literature Reading</title>
<style>
        /* Basic reset for consistent styling */
        * {
            margin: 0;
            padding: 0;
            box-sizing: border-box;
            font-family: 'Arial', sans-serif;
        }
        /* Body styling */
        body {
            display: flex;
            height: 100vh;
            background-color: #F4F4F4;
        }
        /* Left side styling for literature display */
        .literature {
```

```css
            flex: 1;
            padding: 20px;
            overflow-y: scroll;
            background-color: #FFFFFF;
            border-right: 1px solid #E0E0E0;
        }
        /* Right side styling for AI chat */
        .ai-chat {
            flex: 1;
            display: flex;
            flex-direction: column;
            padding: 20px;
            background-color: #FFFFFF;
        }
        .ai-chat-history {
            flex-grow: 3;            /* 使其高度为界面的 3/4 */
            overflow-y: scroll;
            border-bottom: 1px solid #E0E0E0;
            padding: 10px;
        }
        .ai-chat-input {
            height: 25%;             /* 设置为界面的 1/4 */
            padding: 10px;
            border: none;
            outline: none;
            font-size: 16px;
            resize: none;            /* 禁止手动调整大小 */
        }
        /* 修改 send 按钮的样式,使其位于输入框的右侧 */
        #sendButton {
            padding: 10px 20px;
            background-color: #007BFF;
            color: #FFF;
            border: none;
            cursor: pointer;
            align-self: flex-end;    /* 使按钮对齐到底部 */
        }
    </style>
</head>
<body>
    <div class="literature">
        <!-- 使用 iframe 来嵌入 PDF.js 的 viewer.html -->
        <embed src="{{ pdf_path }}" type="application/pdf" width="100%" height="600px">
    </div>
    <div class="ai-chat">
        <div class="ai-chat-history" id="conversationBox">
            <!-- AI chat history will be placed here -->
            <p>User: Hello AI!</p>
            <p>Spark: Hello User!</p>
        </div>
        <input class="ai-chat-input" id="userInput" placeholder="Type your message..."/>
        <button id="sendButton">Send</button>
        <form action="/upload" method="post" enctype="multipart/form-data">
```

```html
            < input type = "file" name = "file" accept = ".pdf">
            < input type = "submit" value = "Upload">
        </form>
    </div>
< script >
<!-- console.log("Script started"); -->
<!-- var pdfPath = "{{ pdf_path }}"; -->
<!-- console.log("PDF Path:", pdfPath); -->
<!-- var pdfViewer = document.getElementById('pdfViewer'); -->
<!-- if (pdfPath) { -->
<!--
pdfViewer. src = ' https://mozilla. github. io/pdf. js/web/viewer. html? file = ' +
encodeURIComponent(pdfPath); -->
<!-- } -->
    document.getElementById("sendButton").addEventListener("click", function() {
        //Get the user's question from the input field
        let userQuestion = document.getElementById("userInput").value;
        //Clear the input field
        document.getElementById("userInput").value = "";
        //Send the question to the backend
        fetch('/spark_ask', {
            method: 'POST',
            headers: {
                'Content-Type': 'application/json'
            },
            body: JSON.stringify({
                question: userQuestion
            })
        })
        .then(response => response.json())
        .then(data => {
        let answer = data.answer;
        let conversationBox = document.getElementById("conversationBox");
        conversationBox.innerHTML += "< p > User: " + userQuestion + "</p >";
        conversationBox.innerHTML += "< p > Spark: " + answer + "</p >";
        })
        .catch(error => {
            console.error('Error:', error);
        });
    });
</script >
</body >
</html >
```

前端实现网页效果如图28-14 所示。

28.3.2 后端代码

后端采用 Flask 框架，添加实现功能所需要的函数及传递信息的路由。相关代码如下。

```
from flask import Flask,request,jsonify,render_template,redirect,url_for
from flask_cors import CORS
import SparkApi
import PyPDF2
```

图 28-14　网页效果

```
import os
app = Flask(__name__)
CORS(app)
#SparkApi 的设置
appid = "be7bbac7"
api_secret = "MGUxNDBiMjQyOGYxNWFiOWJkYjkzNWFj"
api_key = "6961862d3e88ce7d5918c9b2669133a4"
domain = "general"
Spark_url = "ws://spark-api.xf-yun.com/v1.1/chat"
text = []
UPLOAD_FOLDER = 'static/uploads'
ALLOWED_EXTENSIONS = {'pdf'}
app.config['UPLOAD_FOLDER'] = UPLOAD_FOLDER
uploaded_response = ""            #AI 模型的响应
uploaded_text = ""                #存储上传的文章内容
def select_context(question):
    #这是一个简化的函数,它只选择文章的前 8000 个字符作为上下文
    #更复杂的实现也可以根据问题的内容选择上下文
    return uploaded_text[:8000]
def allowed_file(filename):
    return '.' in filename and filename.rsplit('.', 1)[1].lower() in ALLOWED_EXTENSIONS
def getText(role, content):
    jsoncon = {}
    jsoncon["role"] = role
    jsoncon["content"] = content
    text.append(jsoncon)
    return text
def getlength(text):
    length = 0
    for content in text:
        temp = content["content"]
```

```python
            leng = len(temp)
            length += leng
    return length
def checklen(text):
    while (getlength(text) > 8000):
        del text[0]
    return text
def get_initial_analysis(text):
    question = checklen(getText("user", "请简要描述这篇文章的主要内容."))
    SparkApi.answer = ""
    SparkApi.main(appid, api_key, api_secret, Spark_url, domain, question)
    return SparkApi.answer          #返回模型的回答
@app.route('/')
def index():
    #在主页上显示AI模型的响应
    return render_template('test1.html', ai_response = uploaded_response)
@app.route('/spark_ask', methods = ['POST'])
def spark_ask():
    user_input = request.json.get('question')
    context = uploaded_text[:8000]  #取文章的前8000个字符作为上下文
    combined_input = context + "\n\n用户问题:" + user_input
    question = checklen(getText("user", combined_input))
    SparkApi.answer = ""
    SparkApi.main(appid, api_key, api_secret, Spark_url, domain, question)
    response = SparkApi.answer      #直接获取SparkAPI的回答
    return jsonify({"answer": response})
@app.route('/upload', methods = ['POST'])
def upload_file():
    global uploaded_text
    if 'file' not in request.files:
        return redirect(request.url)
    file = request.files['file']
    if file.filename == '':
        return redirect(request.url)
    if file and allowed_file(file.filename):
        filename = os.path.join(app.config['UPLOAD_FOLDER'], file.filename)
        file.save(filename)
        with open(filename, 'rb') as pdf_file:
            pdf_reader = PyPDF2.PdfReader(pdf_file)
            text = ""
            for page in range(len(pdf_reader.pages)):
                text += pdf_reader.pages[page].extract_text()
        pdf_url = url_for('static', filename = 'uploads/' + file.filename)
        #Check if the extracted text is not empty
        if not text.strip():
            global uploaded_response
            uploaded_response = "无法在PDF文件中提取文本或文本为空."
            return redirect(url_for('index'))
        #发送文本到AI模型
        question = checklen(getText("user", text))
        SparkApi.answer = ""
        SparkApi.main(appid, api_key, api_secret, Spark_url, domain, question)
        uploaded_response = SparkApi.answer
        uploaded_text = text
```

```
        analysis = get_initial_analysis(uploaded_text)
        return render_template('test1.html', initial_analysis = analysis, pdf_path = pdf_url)
if __name__ == '__main__':
    app.run(debug = True)
```

28.4 功能测试

最终效果如图 28-15 所示。

图 28-15 最终效果

后端运行返回数据情况如图 28-16 所示。

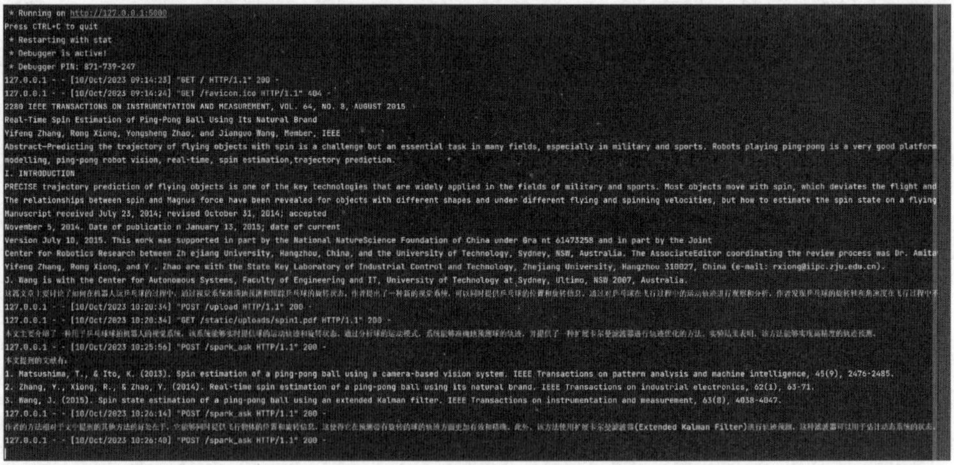

图 28-16 后端运行返回数据情况

通过查看 Console 中的情况检查 JS 部分是否正常运行,如图 28-17 所示。

图 28-17　检查运行情况

项目 29

法 律 咨 询

本项目基于微信小程序,根据百度智能云千帆大模型调用开放的 API,获取法律咨询问答。

29.1 总体设计

本部分包括整体框架和系统流程。

29.1.1 整体框架

整体框架如图 29-1 所示。

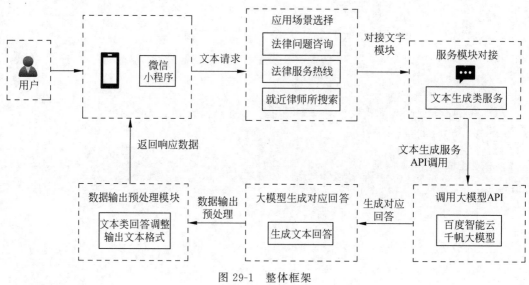

图 29-1 整体框架

29.1.2 系统流程

系统流程如图 29-2 所示。

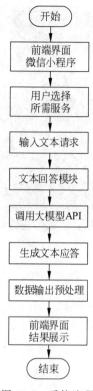

图 29-2　系统流程

29.2　开发环境

本部分包括微信开发者工具的安装和大模型 API 的申请步骤。

29.2.1　安装微信开发者工具

安装微信开发者工具参见 26.2.1 节。

29.2.2　大模型 API 申请

百度智能云千帆大模型 API 申请参见 1.2.4 节。

29.3　系统实现

本项目基于微信小程序搭建 Web 项目，文件结构如图 29-3 所示。

下面介绍本项目界面逻辑(.js)、界面结构(.wxml)、界面样式表(.wxss)和界面配置(.json)的相关代码。

图 29-3　文件结构

29.3.1　index.js

index.js 的相关代码如下。

```
Page({
  navigateToConsult: function() {
    wx.navigateTo({
      url: '/pages/consult/consult'
    })
  },
  navigateToHotline: function() {
    wx.navigateTo({
      url: '/pages/hotline/hotline'
    })
  },
  navigateToOthers: function() {
    wx.navigateTo({
      url: '/pages/lawfirm/lawfirm'
    })
  }
})
```

29.3.2　index.wxml

index.wxml 的相关代码如下。

```
<view class = "container">
  <cover-image src = "/images/background.jpeg"></cover-image>
  <view class = "title">请选择您需要的服务</view>
  <view class = "options">
    <button class = "option option-consult" bindtap = "navigateToConsult">法律问题咨询</button>
    <button class = "option option-hotline" bindtap = "navigateToHotline">法律服务热线
```

```
    </button>
        <button class="option option-others" bindtap="navigateToOthers">就近律师所搜索
    </button>
      </view>
</view>
```

29.3.3　index.wxss

index.wxss 的相关代码如下。

```
.container {
  display: flex;
  flex-direction: column;
  align-items: center;
  justify-content: center;
  height: 100vh;
  position: relative;
}
cover-image {
  position: absolute;
  top: 0;
  left: 0;
  width: 100%;
  height: 100%;
  z-index: -1;
}
.title {
  font-size: 24px;
  margin-bottom: 20px;
  text-align: center;
}
.options {
  display: flex;
  flex-direction: column;
  align-items: center;
}
.option {
  width: 200px;
  height: 40px;
  margin-bottom: 10px;
  text-align: center;
  font-size: 18px;
  border-radius: 5px;
}
.option-consult {
  background-color: #5a2d2d;
  color: #FFFFFF;
}
.option-hotline {
  background-color: orange;
  color: #FFFFFF;
}
.option-others {
```

```
    background-color: #b9993e;
    color: #FFFFFF;
}
.page {
    position: relative;
    min-height: 100%;
}
```

29.3.4　hotline.wxml

hotline.wxml 的相关代码如下。

```
<view class="container">
  <image class="bg-image" src="/images/background.jpeg"></image>
  <view class="center-text">
    <div class="highlighted-text">
      <text class="highlight" user-select="text">司法局法律援助电话:12348</text>
      <text class="line-break"></text>
      <text user-select="text">"12348"是市、区县司法局及法律援助中心面向广大市民群众的法律咨询专用电话,它接听解答群众的法律咨询,配合调处民间纠纷,及时反映群众的法律需求信息,指导和接收法律援助申请,维护贫弱当事人的合法权益、维护司法公正、维护社会稳定。</text>
    </div>
    <div class="highlighted-text">
      <text class="highlight" user-select="text">全国法院诉讼服务热线:12368</text>
      <text class="line-break"></text>
      <text user-select="text">"12368"是最高人民法院确定的,全国通用的人民法院司法信息公益服务号码.拨打这个号码可以联系法官、查询案件、诉讼咨询,并可对法院工作提出意见建议或信访投诉等。</text>
    </div>
  </view>
</view>
```

29.3.5　hotline.wxss

hotline.wxss 的相关代码如下。

```
.container {
    position: relative;
}
.bg-image {
    position: absolute;
    top: 0;
    left: 0;
    width: 100%;
    height: 100%;
    z-index: -1;
}
.center-text {
    display: flex;
    flex-direction: column;
    align-items: center;
    justify-content: center;
    height: 100vh;
```

```css
}
.highlighted-text {
  border: 2px solid #6AD3FF;
  padding: 10px;
  margin-bottom: 10px;
}
.highlight {
  color: red;
  font-weight: bold;
  align-items: center;
}
.line-break {
  display: block;
  height: 20rpx;     /*调整换行高度*/
}
```

29.3.6　consult.js

consult.js 的相关代码如下。

```js
//设置百度 AI 开放平台的 AccessKey 和 SecretKey
const AK = "Q9cwumSN5for33ZwmSdEgpsP";
const SK = "EeRoarXCXRPlUffPTD7C2o2KhghKYY4Z";
//在 Page 中定义数据
Page({
  data: {
    question: "",           //用户输入的问题
    answer: "",             //AI 回答的结果
    accessToken: ""         //获取 Access Token
  },
  //当用户输入框内容发生变化时,更新 data 中的 question 值
  onQuestionInput(e) {
    this.setData({
      question: e.detail.value
    });
  },
  //当用户提交问题时,调用 getAnswer 函数获取 AI 回答
  onSubmit() {
    const question = this.data.question;
    if (question.trim() === "") {
      //如果用户未输入问题,则弹窗提示
      wx.showToast({
        title: "请输入问题",
        icon: "none"
      });
      return;
    }
    this.getAnswer(question)
      .then(answer => {
        //将 AI 回答存入 data 中的 answer 值
        this.setData({
          answer: answer
        });
```

```javascript
    })
    .catch(err => {
      //输出错误信息
      console.error(err);
    });
},
//获取 Access Token
getAccessToken() {
  return new Promise((resolve, reject) => {
    wx.request({
      //请求获取 Access Token 的接口
      url: `https://aip.baidubce.com/oauth/2.0/token?grant_type=client_credentials&client_id=${AK}&client_secret=${SK}`,
      method: "POST",
      success(res) {
        //成功获取到 Access Token 后,将其传递给 resolve 函数
        resolve(res.data.access_token);
      },
      fail(err) {
        //请求失败时,将错误信息传递给 reject 函数
        reject(err);
      }
    });
  });
},
getAnswer(question) {
  return new Promise((resolve, reject) => {
    wx.request({
      //请求获取 AI 回答的接口
      url: `https://aip.baidubce.com/rpc/2.0/ai_custom/v1/wenxinworkshop/chat/completions_pro?access_token=${this.data.accessToken}`,
      method: 'POST',
      header: {
        'Content-Type': 'application/json'
      },
      data: {
        //将用户输入的问题传输给 API
        "messages": [
          {
            "role": "user",
            "content": question
          }
        ],
        "disable_search": false,
        "enable_citation": false
      },
      success(res) {
        //成功获取到 AI 回答后,将其传输给 resolve 函数
        resolve(res.data.result);
      },
      fail(err) {
        //请求失败时,将错误信息传输给 reject 函数
        reject(err);
      }
```

```
      });
    });
  },
  //界面加载时,调用 getAccessToken 函数获取 Access Token
  onLoad() {
    this.getAccessToken()
      .then(accessToken => {
        //成功获取到 Access Token 后,将其存入 data 中的 accessToken 值
        this.setData({
          accessToken: accessToken
        });
      })
      .catch(err => {
        //输出错误信息
        console.error(err);
      });
  }
});
```

29.3.7 consult.wxml

consult.wxml 的相关代码如下。

```
<view class = "container">
  <cover - image src = "/images/background.jpeg"></cover - image>
  <view class = "input - box">
    <input bindinput = "onQuestionInput" placeholder = "请在此输入您想咨询的法律问题" style = "text - align: center;"></input>
  </view>
  <button bindtap = "onSubmit">提交</button>
  <scroll - view class = "output - box" scroll - y>
    <view class = "output">{{ answer }}</view>
  </scroll - view>
</view>
```

29.3.8 consult.wxss

consult.wxss 的相关代码如下。

```
.container {
  display: flex;
  flex - direction: column;
  align - items: center;
  justify - content: center;
  height: 100vh;
  position: relative;
}
cover - image {
  position: absolute;
  top: 0;
  left: 0;
  width: 100%;
  height: 100%;
```

```css
      z-index: -1;
  }
  .input-box {
    display: flex;
    flex-direction: row;
    align-items: center;
    justify-content: center;
    width: 80%;
    height: 50px;
    margin-top: 10px;
    margin-bottom: 10px;
  }
  input {
    width: 100%;
    height: 100%;
    padding: 0 10px;
    border: 1px solid rgb(0, 0, 0);
    border-radius: 4px;
  }
  button {
    width: 80px;
    height: 40px;
    margin-left: 10px;
    margin-bottom: 10px;
    background-color: #df2909;
    color: #fff;
    border: none;
    border-radius: 4px;
  }
  .output-box {
    width: 80%;
    height: 400px;
    border: 1px solid #ccc;
    border-radius: 4px;
    padding: 10px;
    overflow-y: scroll;
    margin-bottom: 10px;
  }
  .output {
    white-space: pre-wrap;
  }
```

29.3.9　lawfirm.js

lawfirm.js 的相关代码如下。

```js
//设置百度 AI 开放平台的 AccessKey 和 SecretKey
const AK = "Q9cwumSN5for33ZwmSdEgpsP";
const SK = "EeRoarXCXRPlUffPTD7C2o2KhghKYY4Z";
//在 Page 中定义数据
Page({
  data: {
    question: "",          //用户输入的问题
```

```
    answer: "",              //AI回答的结果
    accessToken: "",         //获取Access Token
    areas: ['海淀区', '东城区', '西城区', '朝阳区', '丰台区'],
    selectedAreaIndex: 0
  },
  onAreaChange: function (event) {
    this.setData({
      selectedAreaIndex: event.detail.value
    });
  },
  //当用户提交问题时,调用getAnswer函数获取AI回答
  onSubmit() {
    const selectedArea = this.data.areas[this.data.selectedAreaIndex];
    const question = selectedArea + "的律师所,请至少介绍3所,包括地址、电话、业务领域等等,用(1)(2)(3)输出";
    this.getAnswer(question)
      .then(answer => {
        //将AI回答存入data中的answer值
        this.setData({
          answer: answer
        });
      })
      .catch(err => {
        //输出错误信息
        console.error(err);
      });
  },
  //获取Access Token
  getAccessToken() {
    return new Promise((resolve, reject) => {
      wx.request({
        //请求获取Access Token的接口
        url: `https://aip.baidubce.com/oauth/2.0/token?grant_type=client_credentials&client_id=${AK}&client_secret=${SK}`,
        method: "POST",
        success(res) {
          //成功获取到Access Token后,将其传递给resolve函数
          resolve(res.data.access_token);
        },
        fail(err) {
          //请求失败时,将错误信息传递给reject函数
          reject(err);
        }
      });
    });
  },
  getAnswer(question) {
    return new Promise((resolve, reject) => {
      wx.request({
        //请求获取AI回答的接口
        url: `https://aip.baidubce.com/rpc/2.0/ai_custom/v1/wenxinworkshop/chat/completions_pro?access_token=${this.data.accessToken}`,
        method: 'POST',
        header: {
```

```
          'Content-Type': 'application/json'
        },
        data: {
          //将用户输入的问题传输给 API
          "messages": [
            {
              "role": "user",
              "content": question
            }
          ],
          "disable_search": false,
          "enable_citation": false
        },
        success(res) {
          //成功获取到 AI 回答后,将其传输给 resolve 函数
          resolve(res.data.result);
        },
        fail(err) {
          //请求失败时,将错误信息传输给 reject 函数
          reject(err);
        }
      });
    });
  },
  //界面加载时,调用 getAccessToken 函数获取 Access Token
  onLoad() {
    this.getAccessToken()
      .then(accessToken => {
        //成功获取到 Access Token 后,将其存入 data 中的 accessToken 值
        this.setData({
          accessToken: accessToken
        });
      })
      .catch(err => {
        /输出错误信息
        console.error(err);
      });
  }
});
```

29.3.10　lawfirm.wxml

lawfirm.wxml 的相关代码如下。

```
<view class="page">
  <cover-image src="/images/background.jpeg"></cover-image>
  <text class="area-text">请选择所在地区:</text>
  <view class="area-selection">
    <picker mode="selector" bindchange="onAreaChange" range="{{areas}}" value="{{selectedAreaIndex}}">
      <text class="selected-area">{{areas[selectedAreaIndex]}}</text>
    </picker>
  </view>
```

```
  <button bindtap="onSubmit">提交</button>
  <scroll-view class="output-box" scroll-y>
    <view class="output">{{ answer }}</view>
  </scroll-view>
</view>
```

29.3.11 lawfirm.wxss

lawfirm.wxss 的相关代码如下。

```
.page {
  display: flex;
  flex-direction: column;
  align-items: center;
  padding: 20rpx;
  position: relative;
}
cover-image {
  position: absolute;
  top: 0;
  left: 0;
  width: 100%;
  height: 100%;
  z-index: -1;
}
.area-selection {
  display: flex;
  flex-direction: column;
  align-items: center;
  margin-bottom: 10rpx;
  border: 1rpx solid rgb(0, 0, 0);
  padding: 10rpx;
  width: 300rpx;
  margin-left: auto;
  margin-right: auto;
}
.area-text {
  font-size: 40rpx;
  color: #333;
  margin-right: 10rpx;
}
.selected-area {
  color: #333;
}
button {
  width: 80px;
  height: 40px;
  background-color: #6e19b4;
  color: #fff;
  border: none;
  border-radius: 4px;
}
.output-box {
```

```
  width: 80%;
  height: 360px;
  border: 1px solid #ccc;
  border-radius: 4px;
  padding: 10px;
  overflow-y: scroll;
  margin-top: 10px;
}
```

29.3.12　App.js

App.js 的相关代码如下。

```
App({
})
```

29.3.13　App.json

App.json 的相关代码如下。

```
{
  "pages": [
    "pages/index/index",
    "pages/consult/consult",
    "pages/hotline/hotline",
    "pages/lawfirm/lawfirm"
  ],
  "window": {
    "backgroundColor": "#F6F6F6",
    "backgroundTextStyle": "light",
    "navigationBarBackgroundColor": "#F6F6F6",
    "navigationBarTitleText": "法律助手",
    "navigationBarTextStyle": "black"
  },
  "sitemapLocation": "sitemap.json",
  "style": "v2"
}
```

29.3.14　App.wxss

App.wxss 的相关代码如下。

```
/**app.wxss**/
.container {
  display: flex;
  flex-direction: column;
  align-items: center;
  box-sizing: border-box;
}
button {
  background: initial;
}
```

```css
button:focus{
  outline: 0;
}
button::after{
  border: none;
}
page {
  background: #f6f6f6;
  display: flex;
  flex-direction: column;
  justify-content: flex-start;
}
.userinfo, .uploader, .tunnel {
  margin-top: 40rpx;
  height: 140rpx;
  width: 100%;
  background: #fff;
  border: 1px solid rgba(0, 0, 0, 0.1);
  border-left: none;
  border-right: none;
  display: flex;
  flex-direction: row;
  align-items: center;
  transition: all 300ms ease;
}
.userinfo-avatar {
  width: 100rpx;
  height: 100rpx;
  margin: 20rpx;
  border-radius: 50%;
  background-size: cover;
  background-color: white;
}
.userinfo-avatar:after {
  border: none;
}
.userinfo-nickname {
  font-size: 32rpx;
  color: #007aff;
  background-color: white;
  background-size: cover;
}
.userinfo-nickname::after {
  border: none;
}
.uploader, .tunnel {
  height: auto;
  padding: 0 0 0 40rpx;
  flex-direction: column;
  align-items: flex-start;
  box-sizing: border-box;
}
.uploader-text, .tunnel-text {
  width: 100%;
```

```css
  line-height: 52px;
  font-size: 34rpx;
  color: #007aff;
}
.uploader-container {
  width: 100%;
  height: 400rpx;
  padding: 20rpx 20rpx 20rpx 0;
  display: flex;
  align-content: center;
  justify-content: center;
  box-sizing: border-box;
  border-top: 1px solid rgba(0, 0, 0, 0.1);
}
.uploader-image {
  width: 100%;
  height: 360rpx;
}
.tunnel {
  padding: 0 0 0 40rpx;
}
.tunnel-text {
  position: relative;
  color: #222;
  display: flex;
  flex-direction: row;
  align-content: center;
  justify-content: space-between;
  box-sizing: border-box;
  border-top: 1px solid rgba(0, 0, 0, 0.1);
}
.tunnel-text:first-child {
  border-top: none;
}
.tunnel-switch {
  position: absolute;
  right: 20rpx;
  top: -2rpx;
}
.disable {
  color: #888;
}
.service {
  position: fixed;
  right: 40rpx;
  bottom: 40rpx;
  width: 140rpx;
  height: 140rpx;
  border-radius: 50%;
  background: linear-gradient(#007aff, #0063ce);
  box-shadow: 0 5px 10px rgba(0, 0, 0, 0.3);
  display: flex;
  align-content: center;
  justify-content: center;
```

```
    transition: all 300ms ease;
}
.service-button {
    position: absolute;
    top: 40rpx;
}
.service:active {
    box-shadow: none;
}
.request-text {
    padding: 20rpx 0;
    font-size: 24rpx;
    line-height: 36rpx;
    word-break: break-all;
}
```

29.3.15 Project.config.json

Project.config.json 的相关代码如下。

```
{
  "description": "项目配置文件",
  "packOptions": {
    "ignore": []
  },
  "setting": {
    "urlCheck": false,
    "es6": true,
    "enhance": false,
    "postcss": true,
    "preloadBackgroundData": false,
    "minified": true,
    "newFeature": false,
    "coverView": true,
    "nodeModules": false,
    "autoAudits": false,
    "showShadowRootInWxmlPanel": true,
    "scopeDataCheck": false,
    "uglifyFileName": false,
    "checkInvalidKey": true,
    "checkSiteMap": true,
    "uploadWithSourceMap": true,
    "compileHotReLoad": false,
    "useMultiFrameRuntime": false,
    "useApiHook": true,
    "babelSetting": {
      "ignore": [],
      "disablePlugins": [],
      "outputPath": ""
    },
    "useIsolateContext": true,
    "useCompilerModule": true,
    "userConfirmedUseCompilerModuleSwitch": false,
```

```json
      "packNpmManually": false,
      "packNpmRelationList": []
  },
  "compileType": "miniprogram",
  "libVersion": "3.3.1",
  "appid": "wxfcc150da2dcfdcad",
  "projectname": "miniprogram-1",
  "debugOptions": {
      "hidedInDevtools": []
  },
  "scripts": {},
  "isGameTourist": false,
  "simulatorType": "wechat",
  "simulatorPluginLibVersion": {},
  "condition": {
      "search": {
          "current": -1,
          "list": []
      },
      "conversation": {
          "current": -1,
          "list": []
      },
      "game": {
          "current": -1,
          "list": []
      },
      "plugin": {
          "current": -1,
          "list": []
      },
      "gamePlugin": {
          "current": -1,
          "list": []
      },
      "miniprogram": {
          "current": -1,
          "list": []
      }
  }
}
```

29.4 功能测试

本部分包括运行项目、发送问题及响应。

29.4.1 运行项目

进入微信开发者工具，打开项目并单击"编译"，如图29-4所示。

图 29-4　运行项目

29.4.2　发送问题及响应

单击"法律问题咨询",在文本框中输入合同纠纷后单击"提交"按钮,如图 29-5 所示。

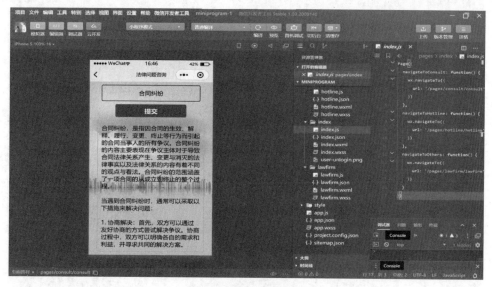

图 29-5　法律问题咨询

单击"法律服务热线",出现法律援助问答界面,如图 29-6 所示。

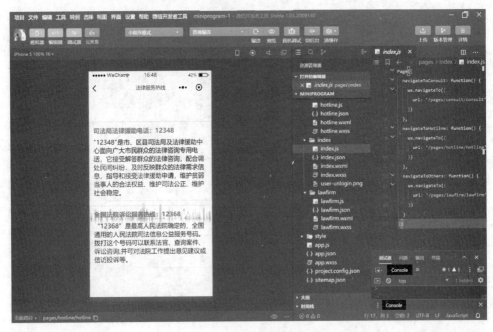

图 29-6　法律援助问答

单击"就近律师所搜索",在选择框中选择朝阳区后出现所在地区回答界面,如图 29-7 所示。

图 29-7　所在地区回答界面

项目 30　文风模拟

本项目使用 Python 语言，应用 Tkinter 的图形界面，通过 WebSocket 协议与讯飞星火认知大模型的 API 进行交互，基于 wordcloud、streamlit、pandas、matplotlib 和 seaborn 库，对数据进行处理，来获取文风模拟的结果。

30.1　总体设计

本部分包括整体框架和系统流程。

30.1.1　整体框架

整体框架如图 30-1 所示。

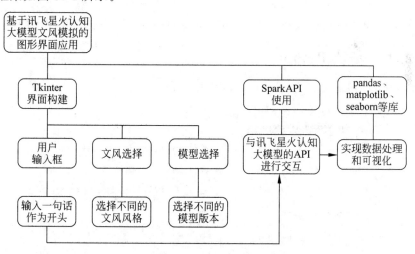

图 30-1　整体框架

项目 30
教学资源

30.1.2　系统流程

系统流程如图 30-2 所示。

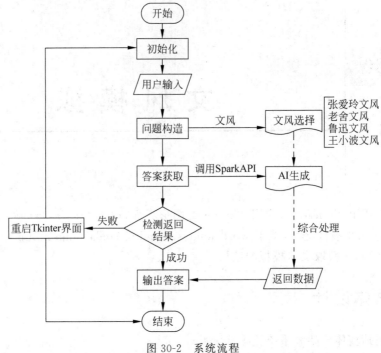

图 30-2 系统流程

30.2 开发环境

本节包括安装 Python、库和模块的过程,创建一个项目并介绍大模型 API 的申请步骤。

30.2.1 安装 Python

打开 Python 官网,选择 Download,如图 4-3 所示。

本项目使用 Python3.8 版本,如图 30-3 所示。

Release version	Release date		Click for more
Python 3.8.1	Dec. 18, 2019	Download	Release Notes
Python 2.7.17	Oct. 19, 2019	Download	Release Notes
Python 3.7.5	Oct. 15, 2019	Download	Release Notes
Python 3.8.0	Oct. 14, 2019	Download	Release Notes
Python 3.7.0	June 27, 2018	Download	Release Notes
Python 3.6.5	March 28, 2018	Download	Release Notes
Python 3.5.5	Feb. 5, 2018	Download	Release Notes
Python 2.7.14	Sept. 16, 2017	Download	Release Notes
Python 3.4.7	Aug. 9, 2017	Download	Release Notes

图 30-3 选择 Python 版本

单击图 30-3 中的版本号或者 Download 按钮进入对应版本的下载界面，滚动到最后即可看到 Python 安装包，如图 30-4 所示。

Version	Operating System	Description	MD5 Sum	File Size	GPG
Gzipped source tarball	Source release		f215fa2f55a78de739c1787ec56b2bcd	23978360	SIG
XZ compressed source tarball	Source release		b3fb85fd479c0bf950c626ef80cacb57	17828408	SIG
macOS 64 bit installer	Mac OS X	for OS X 10.9 and later	d1b09665312b6b1f4e11b03b6a4510a3	29051411	SIG
Windows help file	Windows		f6bbf64cc36f1de38fbf61f625ea6cf2	8480993	SIG
Windows x86-64 embeddable zip file	Windows	for AMD64/EM64T/x64	4d091857a2153d9406bb5c522b211061	8013540	SIG
Windows x86-64 executable installer	Windows	for AMD64/EM64T/x64	3e4c42f5ff8fcdbe6a828c912b7afdb1	27543360	SIG
Windows x86-64 web-based installer	Windows	for AMD64/EM64T/x64	662961733cc947839a73302789df6145	1363800	SIG
Windows x86 embeddable zip file	Windows		980d5745a7e525be5abf4b443a00f734	7143308	SIG
Windows x86 executable installer	Windows		2d4c7de97d6fcd8231fc3decbf8abf79	26446128	SIG
Windows x86 web-based installer	Windows		d21706bdac544e7a968e32bbb0520f51	1325432	SIG

图 30-4　Python 安装包

双击 Python-3.8.1-amd64.exe，开始安装 Python 环境，如图 30-5 所示。

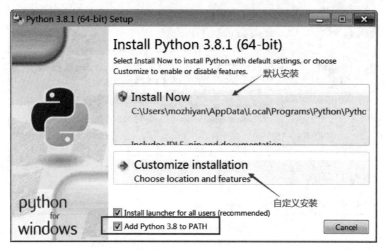

图 30-5　Python 安装向导

勾选 Add Python 3.8 to PATH，将 Python 命令工具所在的目录添加到系统 Path 环境变量中，便于开发程序或者运行 Python 命令时调用，如图 30-6 所示。

单击 Next，选择安装目录，如图 30-7 所示。

选择常用的安装目录后单击 Install，即可完成安装。

30.2.2　安装库和模块

本项目使用以下库和模块，通过 pip 命令进行安装，例如 pip install tkinter。

Tkinter：Python 的标准 GUI 库，用于创建图形界面。

SparkAPI：星火大模型的 Python SDK，用于与星火大模型的 API 进行交互。

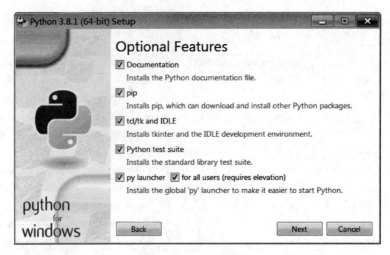

图 30-6　选择安装组件

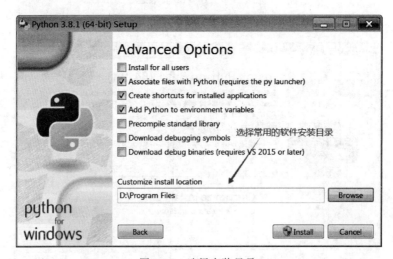

图 30-7　选择安装目录

Wordcloud：词云生成库，用于根据文本生成词云图。
Streamlit：数据可视化库，用于快速创建交互式的网页应用。
Pandas：数据分析库，用于处理和分析结构化的数据。
Matplotlib：绘图库，用于绘制各种图形和图表。
Seaborn：基于 Matplotlib 的统计绘图库，用于绘制更美观的图形和图表。

30.2.3　创建项目

项目源码保存在 spark_helper.py 文件中，可以使用任何文本编辑器或 IDE 编辑，例如 VS Code 或 PyCharm。可以在命令行中输入 python spark_helper.py，或者在 IDE 中直接运行 spark_helper.py 文件，如图 30-8 所示。

图 30-8　项目所在文件夹

30.2.4　大模型 API 申请

讯飞星火认知大模型 API 申请参见 2.2.6 节。

30.3　系统实现

本项目使用 Python 及相关库完成整体项目的搭建。

30.3.1　导入模块和初始化

导入模块和初始化的相关代码如下。

```
import tkinter as tk
from tkinter import scrolledtext
import SparkApi
from wordcloud import WordCloud
import streamlit as st
import pandas as pd
import matplotlib.pyplot as plt
import seaborn as sns
#初始化 Tkinter 窗口
root = tk.Tk()
root.title(
"星火大模型助手")
#全局变量
text = []
appid = "d1eafd56"                                        #填写控制台中获取的 AppID 信息
api_secret = "NDQzZGRlNWEyMzkyMGM0YTc2MDJjOWJl"           #填写控制台中获取的 APISecre 信息
api_key = "02ea03e84d958172df810db5fbe4d83a"              #填写控制台中获取的 APIKey 信息
domain = "general"                                        #模型版本
Spark_url = "ws://spark-api.xf-yun.com/v1.1/chat"         #服务地址
SparkApi.answer = ""
```

30.3.2　创建文本框及文风选择

创建文本框及文风选择的相关代码如下。

```
#创建文本框
dialog = scrolledtext.ScrolledText(root, wrap = tk.WORD, width = 60, height = 20)
dialog.grid(row = 0, column = 0, columnspan = 2)
dialog.tag_config("blue",
```

```python
        foreground="blue")
    dialog.insert(tk.END, "本系统是基于星火大模型的文风模拟系统,请输入一句话作为开头,然后选择需要的文风和大模型版本进行文风模拟续写\n", "blue")  # 在文本框最上方插入蓝色文本
    # 输入框
    input_text = tk.StringVar()
    input_entry = tk.Entry(root, textvariable=input_text, width=50)
    input_entry.grid(row=1, column=0)
    # 文风选择
    style_var = tk.StringVar()
    style_var.set("张爱玲文风")
    style_label = tk.Label(root, text="选择文风:")
    style_label.grid(row=2, column=0)
    style_menu = tk.OptionMenu(root, style_var, "张爱玲文风", "老舍文风", "鲁迅文风", "王小波文风")
    style_menu.grid(row=2, column=1)
    def get_response():
        user_input = input_text.get()
        if user_input:
            dialog.insert(tk.END, "你: " + user_input + "\n")
            text.append({"role": "user", "content": user_input})
            question = checklen(text)
            SparkApi.answer = ""
            style = style_var.get()
            question[-1]["content"] = "请以下列文字开头进行续写,模仿" + style + ":\n" + question[-1]["content"]
            if style == "鲁迅文风":
                question[-1]["content"] = "请以下列文字开头进行续写,模仿" + style + ",展现鲁迅式的讽刺和批判。请尝试在文字中结合古汉语和白话文,用精练的句子描绘人物和情感。在作品中,可以运用象征和隐喻.100字左右" + ":\n" + question[-1]["content"]
            if style == "张爱玲文风":
                question[-1]["content"] = "请以下列文字开头进行续写,模仿" + style + ",要求文风绚丽夺目,语言亮丽灵动,充满个性和魅力.100字左右" + ":\n" + question[-1]["content"]
            if style == "王小波文风":
                question[-1]["content"] = "请以下列文字开头进行续写,模仿" + style + ",要求文风鲜活独特,语言干净利落,富有诗意和智慧.100字左右" + ":\n" + question[-1]["content"]
            if style == "老舍文风":
                question[-1]["content"] = "请以下列文字开头进行续写,模仿" + style + ",要求文风平民化,要求有客观的叙述和幽默的笔调.语言生动口语化,运用大量的北京方言和俗语.100字左右" + ":\n" + question[-1]["content"]
            SparkApi.main(appid, api_key, api_secret, Spark_url, domain, question)
            question = ""
            response = SparkApi.answer
            dialog.tag_config("blue", foreground="blue")
```

```
        dialog.insert(tk.END, "星火: " + response + "\n","blue")
        text.append({"role": "assistant", "content": response})
        input_text.set("")
```

30.3.3　设置按钮样式及模型版本

设置按钮样式及模型版本的相关代码如下。

```
#发送按钮
send_button = tk.Button(root, text = "发送", command = get_response)
send_button.grid(row = 1, column = 1)
def checklen(text):
    while getlength(text) > 8000:
        del text[0]
    return text
def getlength(text):
    length = 0
    for content in text:
        temp = content["content"]
        leng = len(temp)
        length += leng
    return length
#清除对话按钮
def clear_dialog():
    dialog.delete(1.0, tk.END)
    text.clear()
clear_button = tk.Button(root, text = "清除对话", command = clear_dialog)
clear_button.grid(row = 3, column = 0)
#模型版本选择
def set_model_version():
    global domain, Spark_url
    selected_version = model_version_var.get()
    if selected_version == 1:
        domain = "general"
        Spark_url = "ws://spark-api.xf-yun.com/v1.1/chat"
    else:
        domain = "generalv2"
        Spark_url = "ws://spark-api.xf-yun.com/v2.1/chat"
<script type = "module" src = "/src/main.js"></script>是引入外部JavaScript文件
```

30.3.4　运行Tkinter主循环

运行Tkinter主循环的相关代码如下。

```
model_version_var = tk.IntVar()
model_version_var.set(1)
```

```
model_label = tk.Label(root, text = "选择模型版本:")
model_label.grid(row = 3, column = 1)
model_v1 = tk.Radiobutton(root, text = "v1.5",
variable = model_version_var, value = 1, command = set_model_version)
model_v2 = tk.Radiobutton(root, text = "v2.0", variable = model_version_var, value = 2,
command = set_model_version)
model_v1.grid(row = 4, column = 1)
model_v2.grid(row = 5, column = 1)
# 运行 Tkinter 主循环
root.mainloop()
}
```

30.4 功能测试

本部分包括运行项目、发送问题及响应。

30.4.1 运行项目

运行主文件 spark_helper.py,出现聊天窗口网页,如图 30-9 所示。

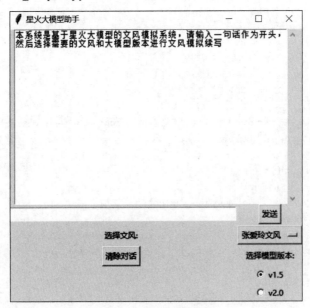

图 30-9 聊天窗口网页

30.4.2 发送问题及响应

以"今天的风儿甚是喧嚣"为开头,并选择"张爱玲文风",模型版本选择 1.5,单击"发送"按钮后,得到文风模拟的输出结果,如图 30-10 和图 30-11 所示。

图 30-10　输入文风模拟开头

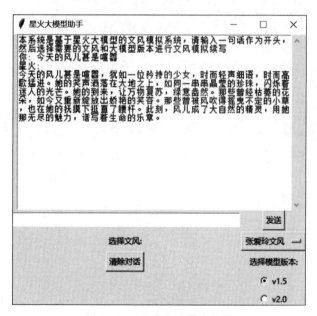

图 30-11　生成文风模拟结果